お茶の科学

「色・香り・味」を生み出す茶葉のひみつ

大森正司　著

ブルーバックス

カバー装幀　芦澤泰偉・児崎雅淑
カバー・帯写真　浜村達也（講談社写真部）
本文デザイン　齋藤ひさの（STUDIO BEAT）
本文図版　さくら工芸社

はじめに　〜お茶の本当のおいしさを知っていますか？

一日中、ずっと心を平穏に保つことは難しいものです。どんな人でも、疲れていて元気が出なかったり、イライラしていたり、ちょっとやる気が出なかったりすることは、少なからずあるのではないでしょうか。

そんなときは、ちょっと一息ついて、お茶を淹れてみませんか。湯を沸かし、茶葉を用意し、抽出されるのを静かに待つあいだに、心は少しずつ落ち着いてきます。ゆっくり淹れたおいしいお茶を口にすれば、それまでのもやもやした思いが消えて、気分転換できるでしょう。

時間にして十数分。忙しいときには貴重な時間に思えるかもしれませんが、このあいだに次の仕事の段取りを考え、新たなアイデアが浮かんでくることもあります。きっとこの一服でその後の時間を有効に使えるようになるはずです。心が穏やかになれば、周囲の人への配慮もできるようになるでしょう。誰かと一緒に飲めば、ちょっと雑談をしたり、コミュニケーションを取れるひとときにもなります。

「お茶」とは、日本人にとって、とてもなじみ深い飲み物です。緑茶だけでなく、ほうじ茶や紅茶、ウーロン茶など、日に一度は口にする人が多いと思います。日本人の日常生活において、お茶は切っても切り離せないものですが、そのお茶の奥深さを知れば、もっと楽しく、もっとおいしくお茶を飲めるようになります。

本書では、そんなお茶の魅力を紹介していきます。そのおいしさの秘密はどこにあるのか？これまであまり語られてこなかった科学的な知見も踏まえて、わかりやすくお話ししたいと思っています。

経験的に感じている人は多いと思いますが、お茶は淹れ方によってその味が大きく変わります。せっかく飲むのであれば、よりおいしいお茶を淹れたいですよね。科学的な分析からわかった、確実においしく淹れられる方法もお教えします。

まず最初に、皆さんにお茶のおもしろさを知っていただくために、とっておきの楽しみ方をご紹介しましょう。

私が「お茶のフルコース」と呼んでいるものです。

まず、緑茶の茶葉10g（ティースプーン約5杯）を急須に入れます。これに冷蔵庫で冷やしておいた水を湯呑み茶碗1杯分（約１００mL）入れ、待つこと15分。その後、これを最後の一滴まで濾しとると水出しのお茶ができます。まず、この味をみてください。「飲む」ではなく、口に含んで舌に広げる感じです。「お茶をたしなむ」という味わい方です。

初めて来たお客さまにこうして淹れたお茶を出すと、「うまい！」と思わず声を発し、「これはどこの高級茶ですか？」と驚かれます。お茶を飲み慣れた方でも、「これは……！」とうならせることができます。

甘みがあり、うま味が凝縮していて、100gで1000円ほどの煎茶でも、玉露のようなまろやかな味わいが楽しめるのです。

その冷えたお茶を楽しんだあとは、残った茶殻に40～50℃くらいのぬるま湯を、同じく湯呑み茶碗1杯分注ぎます。ここで浸出する時間は1分。ぬるめのお茶ができます。最初の冷えたお茶とは違い、少し渋みも加わった爽やかな味を楽しめるはずです。

残った茶殻に、今度はさらに熱湯を湯呑み茶碗1杯分注ぎ、1分で濾しわけてみてください。熱湯で出したこのお茶は、少しの苦みが加わった、また違う味わいのお茶となります。

こうして3種類の淹れ方をしてみると、甘み（うま味）、渋み、苦みというお茶の3つの醍醐味を感じることができるのです。なぜここまで味わいの違うお茶ができるのか、その秘密については、本書の中でひも解いていきましょう。

さて、ここで終わりではありません。3回分を淹れたお茶の茶葉は捨ててはいけません。驚かれるかもしれませんが、この茶殻を食べてみてください。

まず、酢醬油を少し（好みの量）入れて食べてください。これは「茶殻のお浸し」です。次に、茶殻におかかやジャコ、ごまを入れて、さらに醬油を少し加えて混ぜると、「茶殻のごま和え」となります。これは、お酒のつまみでもいけるおいしさです。

さらに残った茶殻に、今度は豆乳２００mLとりんごジュース２００mLを加えてミキサーにかけます。すると、「茶殻スムージー」の完成です。騙されたと思って飲んでみてください。クセのない、とても飲みやすい健康ドリンクに生まれ変わります。

こうして、いつもは捨てていた茶殻を、丸ごと全部おいしくいただけてしまうのです。すでにお茶を抽出したあとの茶殻を使うので、含まれるカフェイン量も少なく、子どもや妊婦でも安心して飲むことができます。

お茶は健康によいということは昔から知られていますが、抽出して飲むだけですと、茶全体の20～30％しか摂取できません。残りの茶殻70～80％にも、食物繊維や不溶性のビタミンE、β-カロテンなど身体に良い成分が豊富に含まれているので、お茶のフルコースでいただけば、それらもすべて摂取できることになります。

疲れが溜まってきた午後に、甘いものと一緒にこのフルコースを味わえば、「よし！　もう一丁仕事を頑張るか」とやる気も出てくるはずです。

和食が無形文化遺産としてユネスコに登録され、日本のお茶のおいしさは世界中に広まっています。とくに抹茶は「MATCHA《マッチャ》」として国際的にも通用するようになり、侘《わ》び寂《さ》びの日本文化とともに広がりを見せています。本書では、日本茶だけでなく、紅茶やウーロン茶を含めて、さまざまなお茶について取り上げていきます。

さて、それでは、ここからさらにその魅力を掘り下げて、お茶の世界にご案内していきましょう。ぜひ、お茶を飲みながら気楽に読み進めてください。

お茶の科学――目次

第2章 お茶はどこからきたのか？

チャと茶のルーツを巡る旅　59

第3章　茶葉がお茶になるまで
色や風味はいつどうやって作られるのか　103

第1章 お茶の「基本」をおさえる

どんなお茶も、すべて同じ「チャ」だった

緑茶、紅茶、ウーロン茶……さまざまなお茶がありますが、どれも同じ「チャ」の樹の葉からできています。まずはじめに、お茶とはなにか、どんな種類があるのか、見ていきましょう。

1-1 お茶とはなんだろう

お茶はツバキの仲間

お茶はコーヒーやココアなどとともに、世界中でもっとも多く飲まれている嗜好飲料です。ここからお茶の魅力についてご紹介していきたいと思いますが、はじめにお茶の基本をおさえておきましょう。「お茶とは何か?」と訊かれたら、どのように答えるのが正しいでしょうか。

お茶は、「茶」と書いた場合には茶葉や飲みもののことを指し、「チャ」と表記したときには植物のこと、茶樹を意味します。

通常、お茶とはツバキ科カメリア属の永年性常緑樹（茶の樹の寿命は数十年以上にわたります）に分類されるものを指します。チャの学名は「カメリア・シネンシス（*Camellia sinensis*）」といいます。「カメリア」とは、ツバキのことで、ツバキやサザンカも同じ科に属するので、チャの葉を見てみるとツバキの葉と形や葉脈の走り方がとてもよく似ています。

生育するには、比較的温暖な気候のもと、年間の降水量が１３００〜１５００㎜以上必要とされます。また、多くの植物は中性〜弱アルカリ性の土壌に生育しますが、チャは弱酸性の土壌を好みます。たとえば、お茶の産地として知られる静岡県の牧之原は、玉石が多く水はけがよい酸性土。狭山（埼玉県）は関東ローム層ですし、静岡県に次いでお茶の生産量が全国２位の鹿児島県は、桜島火山の影響を受けて酸性の土壌が広がっています。こうした土地でチャの生育がよく、昔から茶の産地として知られています。

世界中に広まった2つの種

チャの樹にはさまざまな種類があり、カメリア属だけで数百種も存在するといわれていますが、現在、世界的に利用されているのは2種類で、大きく中国種とアッサム種に分類されます（図１-１）。写真をみてもわかるように、中国種は葉が小さく、長さは３〜５㎝程度。アッサム

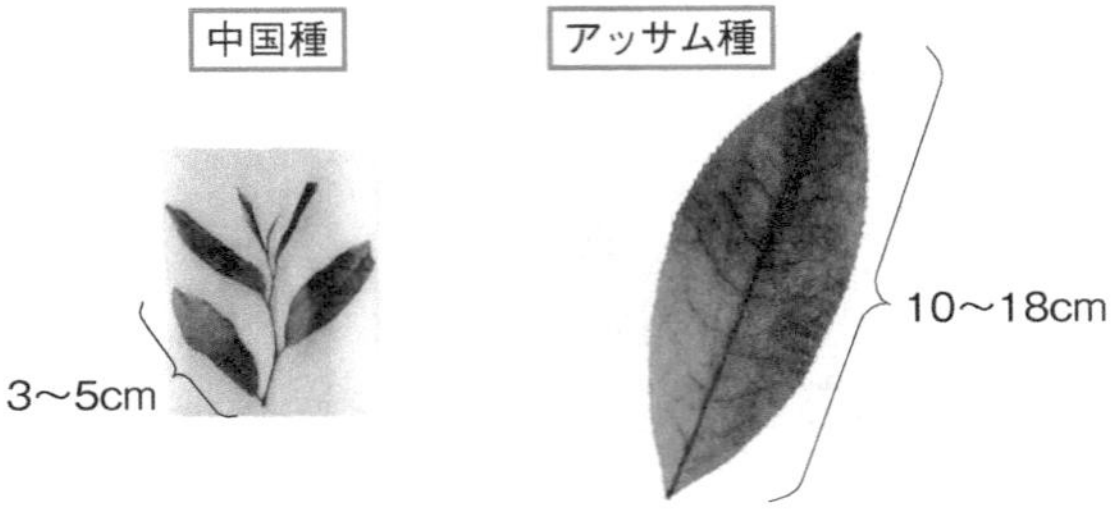

図1-1　世界的に広まっている2つの茶葉
日本の緑茶などにも使われている中国種は葉が小さく、紅茶によく使われるアッサム種は葉が大きい。
（筆者撮影）

種は10〜18㎝程度と大きめの葉が特徴です。

日本で栽培されているのは、比較的寒さに強い中国種です。中国種は含まれるカテキン量が少なく、アミノ酸含有量が多いのが特徴で、アッサム種は温暖な気候でよく育ち、カテキンが豊富でアミノ酸の含有量は少なめです。

チャと同じツバキ科の植物でいえば、イラワジエンシスやタリエンシスと呼ばれる樹もあるのですが、これらは成長すると高さが十数mにも達して茶摘みが困難なこと、また、カテキンなどの成分含量も少なく、嗜好的にも中国種やアッサム種に劣るので、飲用としての利用には向いていません。

チャとツバキの交配種「チャツバキ」という遺伝子組み換え種も作られたことがあるのですが、ツバキの耐寒性をチャに期待して試作されたものの、カテキン、カフェイン、アミノ酸などの茶成分が少なく、実用化はされませんでした。

このように他の種と比較して、中国種とアッサム種は優れた点が多くあるので世界中に広まっています。両者の葉の大きさはまったく異なるのですが、この2種は自然交配が起こることから、近縁種であるということがわかっています。

飲み物としては、「煎じて飲む」という製法の共通性から、杜仲《とちゅう》茶、ルイボスティー、ギムネマ茶、ハーブティー、柿の葉茶、ドクダミ茶など、チャとは別の種の葉を利用したものも「茶」と呼ばれることがあります。しかしこれは、厳密な植物分類学上からは「チャ」の範疇には入りません。

すべてのお茶は、同じ茶葉からできている！

いまご紹介した、チャを使わないいわゆる〝お茶〟は除いて、チャから作られるお茶の分け方はいろいろあります。

茶の産地による分け方は、よく耳にするのではないでしょうか。アッサム茶、ダージリン茶などで知られる「インド茶」、ウバ茶、ディンブラ茶などの「セイロン茶」、キームン茶、龍井《ろんじん》茶などの「中国茶」、宇治茶、狭山茶などの「日本茶」も産地による分類の名前です。

用途や使うときの形状の違いでは、大きく3つに分類できます。まずは「葉茶」。皆さんにはいちばん馴染みがあると思いますが、飲用時に用いられる紅茶、緑茶、ウーロン茶の茶葉のことです。2つ目は「固形茶」。茶葉を固めたものですが、鎌倉時代に日本にお茶を伝えたとされる栄西は、この固形茶やチャの種を中国から日本に持ち帰ったとされています。紅茶を固めると紅だん茶、緑茶を固めると緑だん茶となります。そして3つ目は、「粉茶」です。粉状にした茶のことで、あとで詳しくご紹介しますが、碾茶《てんちゃ》を挽くと抹茶になります。

このほかにも、採取時期、茶葉の大小などさまざまな分類法がありますが、もっとも身近なものは、製造法によるものではないでしょうか。緑茶、紅茶、ウーロン茶という呼び方は、製造法の違いによる分け方です。

「日本における茶の歴史は800年以上もあり、この間日本人は緑茶を飲んできました。イギリスでは紅茶が好まれ、中国の一部や台湾ではウーロン茶が古くから飲まれています……」

お茶の講演に出かけ、このような説明をすると、よくこんな質問をされることがあります。

「日本には緑茶の樹があるように、中国やイギリスにはウーロン茶の樹や紅茶の樹があるんですか?」と。

日本に住んでいれば、どこかで茶畑を見たことがある人は多いでしょう。新茶の収穫時期となる5月頃には、緑の茶畑は何とも美しいものとして日本人の目には映ります。しかし、日本製の紅茶やウーロン茶はまだまだ少ないことから、このように思っている方も多いのでしょう。

しかし実際には、緑茶も紅茶もウーロン茶も、そして黒茶も同じチャの葉からできているのです。つまり作り方が異なるために、色も味も香りもまったく異なるものができあがるというわけです。言ってみれば「○○茶」と呼称されるお茶は、兄弟姉妹の関係ということになります。

作り方で色も風味も変わる

同じ茶葉からできたものなのに、なぜあんなに色も味も香りも違うのか。その謎は、これからじっくり解き明かしていこうと思いますが、お茶の作り方をはじめに簡単にお話ししておきましょう。

茶葉は鮮やかな緑色をしていますが、摘んだあとに蒸気をかけて茶葉の中の酸化酵素を殺してしまうと、葉の色は緑色のまま、つまり緑茶になります。しかし、摘んだ葉を揉む（製茶の専門用語で「揉捻《じゅうねん》」という）と、茶葉中の酸化酵素が茶成分のカテキンを酸化して茶色に変色し、紅茶となります。そしてこのカテキンの酸化を途中で止めると、ウーロン茶になるのです。

このように緑茶、紅茶、ウーロン茶は共にもとの樹は同じで、同じ茶葉でありながら、製法の違いによって風味のまったく異なるお茶となります。

もちろん、品種によって緑茶に適した茶葉、紅茶に適した茶葉などがありますが、味はともかく理論上は、ダージリン緑茶、宇治烏龍茶なども作れるわけです。実際、日本の緑茶用品種「やぶきた」を使って、近年は「和紅茶」なるものも作られています。淹れたときの液の色は紅茶らしい色（水色：「すいしょく」という）をしていますが、カテキン含量が少ないために、飲み口はパンチの弱い紅茶となります。

反対にインドやスリランカでのアッサム種で緑茶を作ると、緑色のきれいな茶葉にはなりますが、カテキン含量が高く、アミノ酸含量が少ないため、うま味の少ない、渋い緑茶となります。それぞれに適した品種と栽培法がおこなわれているので、緑茶、紅茶、ウーロン茶のいずれにも加工・製造はできますが、風味は異なったものとなります。

お茶といえば紅茶？

日本では、お茶といえばたいてい緑茶のことを意味しますが、じつは世界的に見ると一般的で

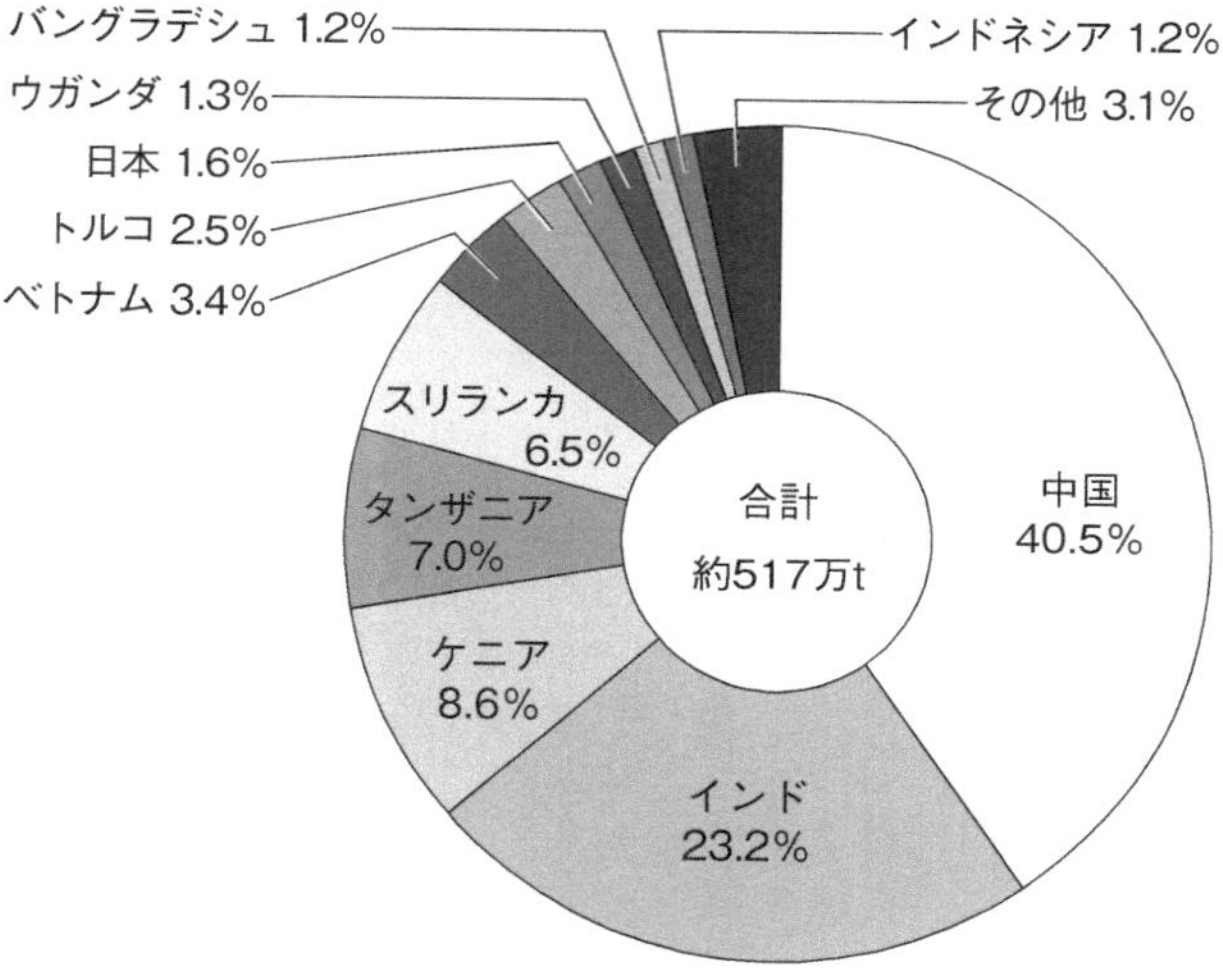

図1-2　世界各地のお茶の生産量

2014年の緑茶、紅茶、ウーロン茶の生産量を合わせた値。１位の中国で年間約210万tを生産している。日本は約８万t。
『平成28年版 茶関係資料』（公益社団法人日本茶業中央会）より抜粋して作成

はありません。日本や中国、ベトナム、ミャンマーなどは、日常的に緑茶が多く飲まれているのですが、こうした緑茶国を除いた世界各国においては、お茶といえば紅茶を意味します。

世界各国での茶の生産量の割合を見ると、紅茶は今では茶全体の約７割を占めているのです。とくに紅茶はイギリスをはじめ、世界中で飲用されています。日本における紅茶消費量は緑茶の10分の１程度なので、ちょっと意外に感じますね。

一方、日本ではウーロン茶が中国茶の代名詞のようになっていますが、じつは中国本土ではあまり飲まれていません。圧倒的に緑茶のほうが需要が高いのです。住民のほぼ100%と言っていいほど日常的にウーロン茶が飲まれているのは、むしろ台湾のほうです。

　世界各地のお茶の生産量（図1‐2）と、一人当たりのお茶の消費量（図1‐3）もご紹介し

順位	国名	一人当たり(kg)
1	トルコ	3.18
2	アフガニスタン	2.73
3	リビア	2.70
4	イギリス	1.81
5	モロッコ	1.74
6	カタール	1.61
7	アイルランド	1.56
8	台湾	1.56
9	香港	1.38
10	スリランカ	1.36
11	チリ	1.22
12	エジプト	1.22
13	イラク	1.18
14	中国	1.14
15	ニュージーランド	1.06
16	イラン	1.05
17	シリア	0.96
18	CIS諸国	0.94
19	日本	0.91
20	バーレーン	0.86

図1-3　一人当たりのお茶の消費量

2011～2013年の集計値。緑茶、紅茶、ウーロン茶を合わせた値。1位のトルコでは、砂糖を入れた紅茶（チャイと呼ばれる）が多く飲まれている。

『平成28年版 茶関係資料』（公益社団法人日本茶業中央会）より抜粋して作成

ておきましょう。これは、緑茶、紅茶、ウーロン茶などすべてのお茶の合計値です。生産量では中国やインドが圧倒的に多いですが、一人当たりの消費量はトルコがもっとも多く、アフガニスタン、リビア、イギリスと続きます。日本の消費量は世界で見ると19位です。

1-2 さまざまなお茶を見分ける

お茶における「発酵」とは

それでは、お茶の製造法による分類をより詳しく見ていきましょう。図１‐４に示したとおり、お茶は「非発酵茶」「半発酵茶」「発酵茶」「後発酵茶」と４つに分けることができます。

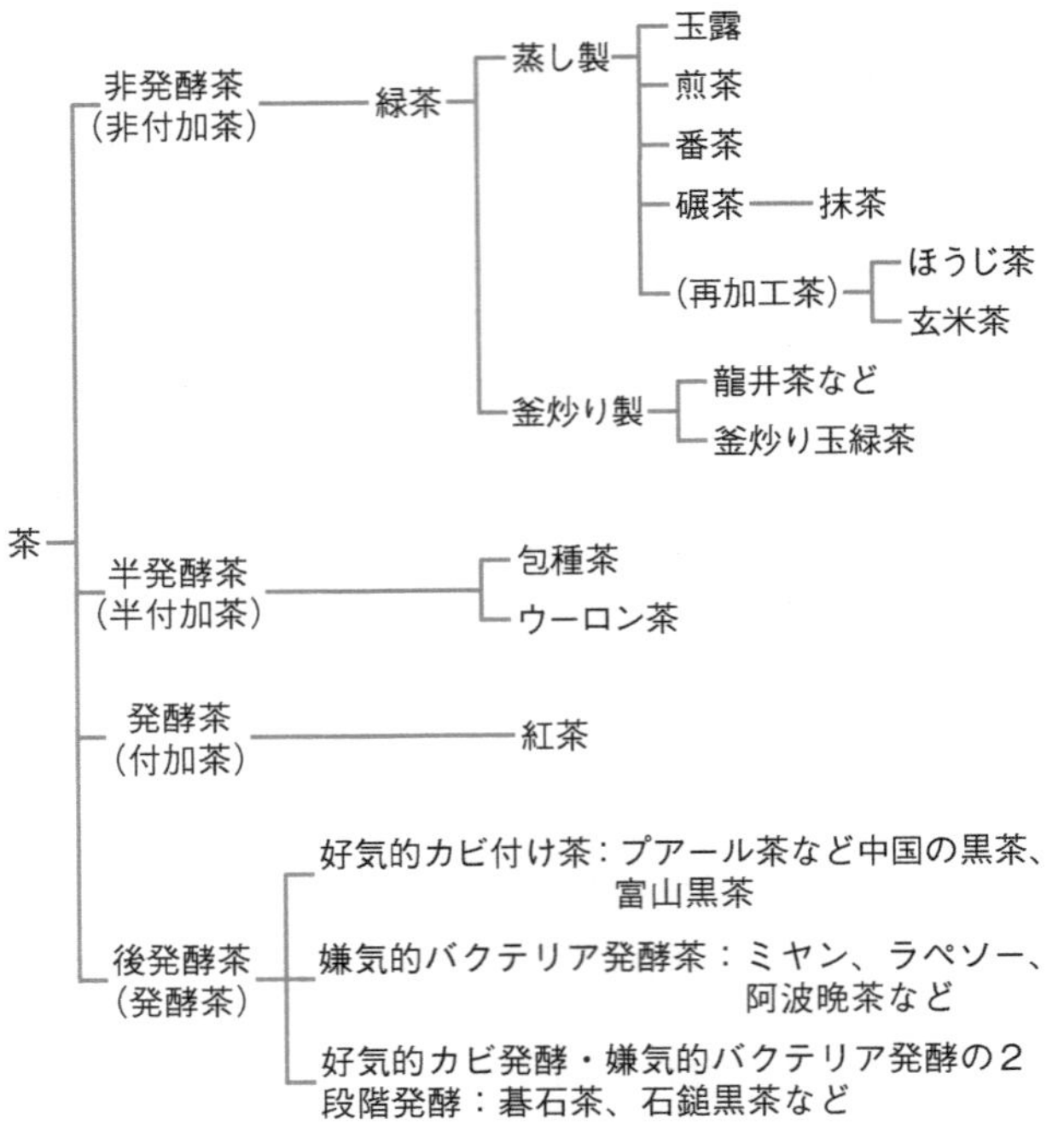

図1-4　**製造方法によるお茶の分類**

お茶の説明をする際には、この「発酵」という言葉がよく使われます。

緑茶は非発酵茶で、ウーロン茶は半発酵茶、紅茶は発酵茶です。この言葉は、お茶の業界では長く習慣的に用いられているのですが、厳密に考えると科学的な「発酵」という現象ではありません。

科学的には、有機物に微生物が作用し、その結果として人間が利用できるようになった場合に「発酵」と呼びます。微生物が作用しても、結果として人間が利用できない状態になった場合には「腐敗」という現象になります。

じつは紅茶、ウーロン茶でいう発酵、半発酵には微生物は関係しないので、その意味では発酵とは異なる現象なのです。

紅茶、ウーロン茶の製造については第３章で詳しくお話ししますが、お茶の製造過程でいわゆる「発酵」と呼ばれている化学反応は、次の２通りあります。

１つ目は、紅茶、ウーロン茶ともに摘んだあとの茶葉の水分を飛ばし、萎れさせるために１晩ほど茶葉を広げて干す作業（「萎凋《いちょう》」という）がおこなわれます。これによって、茶葉中の成分が分解され、化学反応によって甘みや香りがよく出るのです。なぜこの工程で甘みや香りが出るようになるのかは、第４章でくわしく解説していきましょう。

２つ目は、先ほどもお話しした茶葉を揉む工程（揉捻）です。ある程度、水分を飛ばした茶葉を機械や手で揉んでいきます。圧力が適度にかかることで、茶葉中のカテキンが酸化し、緑色から褐色に変化していくのです。

このように紅茶、ウーロン茶ができるときには、微生物による発酵はかかわっていないことがおわかりいただけると思います。ここでいわゆる「発酵」と呼ばれる工程には、茶葉の中で水や酸素が加わって変化する化学反応なので、「付加反応」というのが正しいのです。

ただ、一般的には発酵と呼ばれて広まっていますので、本書では「発酵（付加）」と記していきたいと思います。

緑茶「非発酵茶」

(1)玉露

口中に広がるトロリとしたうま味と、ノドの奥から感じる爽快な香り。これは玉露を吟味して淹れたときに感じられる特有のおいしさです。この玉露をじっくり味わうと、私は静かな心の安らぎを得られるような気がします。

緑茶にはこのあとに紹介する煎茶、番茶、ほうじ茶などさまざまな種類がありますが、その味といい、香りといい、水色といい、玉露は「緑茶の王様」ともいえます。目にも鮮やかな新緑の色や香りで、飲めば口いっぱいに広がるうま味が楽しめます。

そもそも玉露とは、栽培する際に20日間以上、太陽の光をさえぎって新芽を育て、最初に収穫される一番茶を丁寧に摘んで作られた茶葉のことです。収穫予定日の3週間ほど前から、茶樹の上に簀子《すのこ》を張り、むしろなどをたらして太陽光をさえぎるのです。

こうすることによって、茶の芽は日光を求めて徒長するので組織は柔らかくなります。一方、光をさえぎることによって、茶葉の緑色を示すクロロフィル（葉緑素）が増加して鮮やかな濃い緑色になります。通常の茶葉には通常０・５％前後のクロロフィルが含まれていますが、玉露では１・０％以上に増加するのです。

また、お茶のうま味成分はアミノ酸類によるものですが、なかでもグルタミン酸（厳密にはテアニンというアミノ酸）は、光をさえぎることによって１・５倍以上に増加します。アミノ酸は、根で合成されて葉に届き、蓄積されます。このとき太陽光を浴びると、アミノ酸は渋みのもととなるカテキンに変化してしまう性質があるため、日光をさえぎることによってアミノ酸含量が高いまま収穫できるというわけです。

ちなみにカテキンは、光をさえぎることによって、反対に2分の1以下に減少します。

玉露に用いる一番茶は、カテキン含量は少なく、アミノ酸含量は多くなるように栽培されたものです。このようにして、緑色は濃くより鮮やかに、そしてうま味は増えて、渋みはマイルドに変化したものが玉露なのです。

また、このような操作により「覆《おお》い香」と呼ばれる青くさい生のりのような独特の香りがするようになりますが、この香りは玉露や抹茶の香りの特徴にもなっています。

玉露に似た作り方のお茶としては、「かぶせ茶」というものもあります。これは、栽培する際に太陽の光を1週間程度さえぎって新芽を育てます。玉露ほどではありませんが、同様のメカニズムで緑が濃く、うま味の強いお茶ができあがります。

栽培の手間は玉露におよばないのですが、飲みなれていない方が「玉露ですよ」と言われてかぶせ茶を飲むと、気づかないことが多いのではないでしょうか。

最近では、玉露畑の太陽光を100%さえぎって栽培することもおこなわれています。こうして生育した茶葉を用いて作られたものは、「白葉茶《はくようちゃ》」と呼ばれています。

玉露畑のように90%の光をさえぎっても、わずかな光があれば茶葉のクロロフィルは増加して、緑のより鮮やかな茶葉となりますが、100%さえぎってしまうと、さすがの茶葉も光合成はできなくなり、緑色も褪せてきて白っぽい茶葉になります。

しかし、これを飲んでみると玉露よりも非常にうま味の強い茶なのです。日光をさえぎったことでアミノ酸含量も増加し、とくにアルギニンというアミノ酸が増加することが示されています。

アルギニンそのものは、なめてみてもそんなにうま味を感じるものではありませんし、むしろまずい部類に入るものです。しかし、お茶の浸出液の中に含まれると、格段に茶の味は向上します。お茶のうま味に対するアルギニンの役割は、今後の研究課題といえるでしょう。

（2）煎茶

5月の新茶の時期に収穫される一番茶を摘み取り、茶葉を40秒ほど蒸して仕上げたものを煎茶といいます。つまり、「煎茶＝一番茶」です。これは日本人にもっともよく飲用されているお茶で、緑茶のスタンダードともいうべきものです。

じつは、煎茶は淹れ方によっては限りなく玉露に近い味にすることもでき、悪い淹れ方をすれば限りなく番茶の味に近づいてしまうお茶でもあります（おいしい淹れ方については、第5章でご紹介します）。

煎茶や玉露の摘採時期は5月の八十八夜の頃。つまり、立春から数えて88日目あたりです。冬の寒い時期に葉に養分を溜め込むため、おいしくみずみずしい茶葉がとれるのです。

枝の一番先にある新芽、一芯二葉、または一芯三葉の部分のみが摘まれて作られます（図1-5）。その後、蒸気をかけて揉み、乾燥させて製品となります。ちなみに玉露は、一芯二葉のみが使われています。

近頃は「深蒸し煎茶」というのがよく出回って、飲まれています。従来の煎茶より、淹れたときの水色が緑色をしてきれいなことと、淹れ方による味のばらつきが少ないことから、好まれる

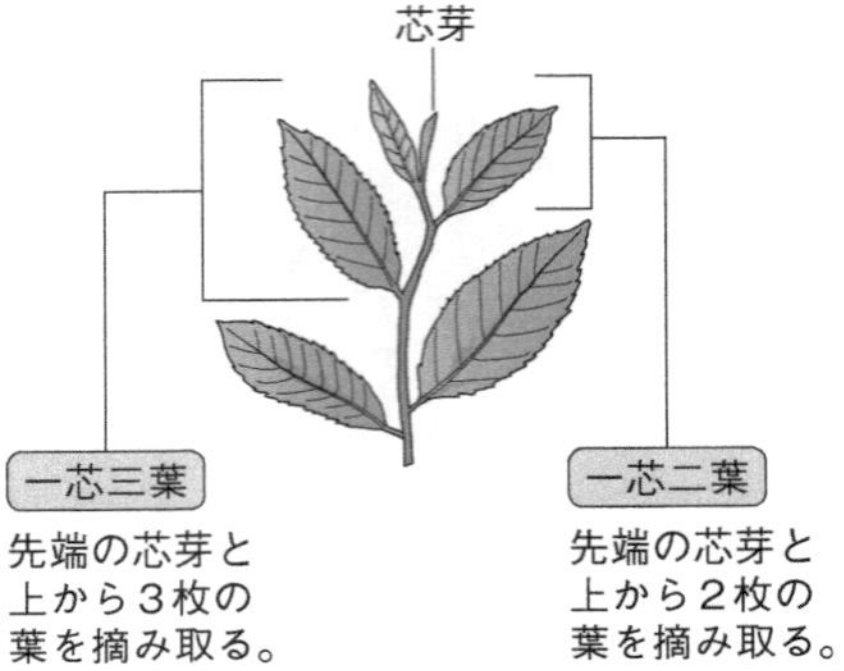

図1-5　お茶に使われる芯芽と茶葉

ようになりました。従来の方法は蒸気をかける時間が1分ぐらいですが、深蒸し煎茶は2〜3分程度と長めになっています。すると茶葉は柔らかく、細かくなるので茶の成分が抽出されやすく、水色も、味もよく出るようになるのです。

（3）番茶

煎茶、玉露は5月に収穫される一番茶ですが、番茶は、それ以降に摘まれる二番茶（一般的には6月中旬）、三番茶（同7月下旬）、秋冬番茶（同9月以降）と、二番茶以後の葉を使って製造されるお茶のことです。収穫時期が遅いため「晩茶」や「夏茶」とも呼ばれます。

夏の強い日差しの下、さんさんと降り注ぐ太陽の光を浴びて生育したこの茶葉は、一番茶を収穫したあとなので芽の伸びは多少小さくなりますが、葉は固くしっかりした形状となります。

収穫後の製法は煎茶や玉露と同じですが、茶葉が固いのでできあがりの茶葉の形状も大きく、緑色も煎茶などより劣ります。太陽を浴びると、渋みの素であるカテキンは多く生成されるので、一番茶より二番茶、二番茶より三番茶のほうがカテキンは増えます。

一方、うま味の素であるアミノ酸含量は少なくなります。夏に近づくにつれて日照時間が増えて光合成の量も増えますが、日中に生成したアミノ酸（テアニンなど）は光の影響でカテキンに変化してしまうため、うま味成分が減ってしまうのです。

番茶は茶葉の収穫量はとても多いのですが、実際には静岡あたりでは二番茶まで、狭山では一番茶ぐらいまでしか利用されないといいます。それは、遅い時期まで摘採をおこなうと来年の茶葉の収穫量や品質が落ちてしまうことと、二番茶、三番茶は価格が安くなってしまうためです。収穫したとしても茶として利用されない生葉は、そのまま刈り落とされるか、最近ではペットボトル飲料用として利用されています。

ですが、番茶だって立派な緑茶です。きちんと淹れれば、番茶なりの最高の味を楽しむことができます。玉露、煎茶がマイルドなうま味とすれば、番茶は爽やかなパンチのきいた緑茶、と表現することができ、その醍醐味を味わえるのです。

(4) ほうじ茶

お茶屋さんの店先を通ると、なんともいえない香ばしい匂いのすることがあります。思わず足を止め、その香りをしばし味わいたくなるような魅力があります。これは番茶を加熱して作られる「焙じ香」といわれるものです。

ほうじ茶は、番茶の茶葉を160〜180℃で5〜10分間、加熱して作られます。化学的には、番茶に含まれる成分のうちアミノ酸と糖が反応して香ばしい匂いを生成する、と説明できます。これはアミノカルボニル反応とも呼ばれ、俗に「おいしいものの匂い」とされています。すき焼きや香ばしい蒲焼、ビスケットやパンなどの匂いも、この種の反応によって発生します。

今までにわかっているほうじ茶の香気成分としては、ピラジン類が約20種、ピロール類が5種、フラン類が5種、そして、これらに番茶が持つ匂いが加味されて、ほうじ茶独特の匂いが作られます。

ピラジン類とは、コーヒー、ポップコーンなどにも含まれる香ばしい匂いの代表であり、ピロール類はいくらか青臭みを帯びた物質、フラン類は甘い香りを想わせる物質です。これらの香気成分は、糖とアミノ酸を含む食材を加熱すると、まず褐色に変化します（アミノカルボニル反応）。続いて、その副反応となるストレッカー分解が起きて、香気成分が発生するのです。

ほうじ茶は番茶以上に味がマイルドで、食事中や食後によく合うお茶です。番茶は「爽やかなパンチのきいたお茶」と表現できますが、ほうじ茶には番茶のようなパンチは感じられません。「香ばしい匂いで苦渋味《くじゅう》の少ない、さっぱりしたお茶」とも表現されるのが、ほうじ茶の特徴です。

さらに、茶の渋み成分であるカテキン類は加熱によって酸化重合し、着色物質となったり、不溶性成分となります。したがって、ほうじ茶は香りがよく、カフェイン、カテキン含量が少なくなって淡白な味です。とくにカフェインは加熱する際に昇華する性質があるため、夜にガブ飲みしても眠りを妨げることはほとんどありません。また、意外な使い方としては、料理の際に煮物の汁として使っても結構よく合うのです。調味液としての活用ですね。

（5）抹茶

抹茶は、碾茶と呼ばれる茶葉を石臼で挽いたものです。碾茶は、栽培方法は玉露と同じで、茶葉を摘む20日ほど前から覆いをして日光を遮って育てた一番茶が使われます。

その後の製造方法が、玉露とは少し異なります。玉露は摘んだ茶葉を蒸したあとに揉むのですが、碾茶は揉まずに蒸した茶葉を温風で数メートルの高さまで舞い上げ、ひらひらと飛ばしながら余分な水分を除きます。こうすることによって葉と葉がくっついてしまうのを防ぎます。その後、茎や葉脈などを取り除いてさらに乾燥させ、フレーク状の茶葉ができあがります。

碾茶の茶葉は、まるでステンドグラスのように透明感があるもので、口に含んでみると甘く、海苔のような芳醇な香りもします。これを石臼で挽いたものが抹茶です。碾茶の「碾」は、挽き臼を意味します。

煎茶と比べて、乾燥茶葉中のアミノ酸量は2倍以上となるので、うま味の強いお茶です。とくに濃茶として飲まれるものは、うま味が強く、苦みや渋みのない品質の茶葉が求められます。

抹茶に湯を注ぎ、茶筅《ちゃせん》で泡立てていただきますが、茶葉を丸ごと飲めるので、ビタミンなどの栄養素を無駄なく摂取でき、健康面でも注目されています。

(6) 釜炒り茶

緑茶の中でも、摘んだ生の茶葉を蒸すのではなく、まず釜で炒って作る製法を釜炒り茶といいます。中国で生まれた製法で、龍井茶など中国緑茶はほとんどが釜炒り製です。

炒ることで出る焙焼香気、香ばしい爽やかな香りが特徴です。

日本で作られる釜炒り緑茶には、釜炒り玉緑茶があります。玉緑茶とは、製造工程の最後で、茶葉の形を細長く整える工程（精揉《せいじゅう》）がなく、回転するドラムに入れて風をあてながら乾燥させるため、茶葉が丸い形に仕上がるお茶のことです。そのぐりっとした見た目から、釜炒り玉緑茶は「かまぐり」と呼ばれることもあります。

日本では、佐賀の嬉野市で作られる「うれしの茶」がその代表で、四国の一部の地域などでも製造されています。

緑茶のさまざまな品種

製法による緑茶の種類をご紹介してきましたが、最後に品種についてもお話ししておきましょう。日本にはさまざまなお茶の産地がありますが（85ページ、図２‐５参照）、どのような地域でも丈夫で質のよい茶ができるように、チャの育種研究や品種改良は盛んにおこなわれ、耐寒性、耐病性に優れ、風味豊かで多収量、早生であることなどが特徴の新品種が開発されてきました。

表１‐１に示したのはおもな品種ですが、日本には現在、70種以上もの品種が存在し、もっとも作付面積が多い品種は「やぶきた」です。国内の全茶栽培面積の75％を占め、日本の茶産業は「やぶきた」とともに発展してきたといってもよいかもしれません。

登場したのは１９５３年、人気に火が付いたのは１９６０年代です。当時、茶園の人々の多く

品種名	特　徴
やぶきた	日本でもっとも普及している品種。静岡県の在来種から発見された。味、香りなど総合的にバランスのとれた品質で優良。甘みのある濃厚な味わいと優雅な香りが特徴。寒さに強い。
ゆたかみどり	茶葉の新芽を深蒸しにして製造されることが多く、水色も味も濃厚。「やぶきた」に次いで栽培面積が大きい品種。静岡県で開発されたが、現在はおもに鹿児島県で生産されている。
かなやみどり	静岡県金谷にて、静岡県の在来種と「やぶきた」を掛け合わせて開発された品種。現在は、静岡だけでなく鹿児島県などでも栽培されている。ミルクのような独特の甘い香りが特徴。
おくみどり	「かなやみどり」同様、静岡県の金谷で開発された茶葉。現在は鹿児島県、三重県、京都府などでも栽培されている。濃い緑の茶葉で、爽やかですっきりしたクセのない風味が特徴。
べにふうき	茶葉に含まれるメチル化カテキンに、花粉症などの抗アレルギー作用がある。渋みが強い味。もともとは紅茶・半発酵茶用として開発されたが、緑茶として多く利用されている。
つゆひかり	2000 年に品種登録された茶葉。渋みが少なく、すっきりとした甘さと独特な香り、鮮やかな緑の水色が特徴。栽培面積自体が少なく市場に出回る量も少ない稀少な品種。
さえみどり	「やぶきた」に「あさつゆ」という品種を掛け合わせてできた茶葉。香りはやぶきたとは異なるが、やぶきたと同様に耐寒性がある。鮮やかな緑色の茶葉で、うま味のある味わい。
ふうしゅん	「やぶきた」に香りや味わいが似ており、とくに香りが豊かな茶葉。耐寒性に強く、山間地での生産に適している。収量の多い茶樹として知られ、一番茶がもっとも多く獲れる。
おくはるか	埼玉県で開発され、2015 年に品種登録された新しい茶葉。桜の葉のようなほのかな香りが特徴で、うま味と渋みの調和がとれた味。寒さや乾燥に強く、摘採期（新茶の収穫期）は遅め。
ごこう	京都の宇治の在来種から選抜し、育成された品種。揮発性のある特徴的な香りがある。玉露や抹茶のもととなる碾茶として栽培されることが多い。福岡県や静岡県でも栽培されている。

表1-1　**日本の緑茶の品種の一例**

の支持を集めたのが、「やぶきた」の持つ凍霜の被害を受けにくい「強さ」と、安定した収穫を見込める「育てやすさ」でした。とくに、茶樹は成木になるまで長い時間を要するため、茶園では頻繁に植え替えをおこなえないという事情があります。今ほど品種も豊富ではない中、すでに一定の評価を得ていた「やぶきた」に需要が集まったのではないでしょうか。

しかし時代とともに新種の開発方法も変わり、近年では、香りの強い「ゆたかみどり」や、耐寒性、耐病性に優れた「ふうしゅん」、碾茶・抹茶用に開発された「ごこう」など、ニーズに合わせた新しい品種が続々と出てきています。現在の「やぶきた」の植え替え時には、選択肢が大きく広がり、茶の栽培種の構成比率も徐々に変化していく可能性がありそうです。

ウーロン茶「半発酵茶（半付加茶）」

ウーロン茶は、半発酵（半付加）茶です。先ほど、お茶の発酵は付加反応だとお話ししましたが、仮に緑茶の発酵（付加）度を「０」、紅茶の発酵度を「１００」とすると、半発酵茶の発酵度は「30～70」となります。より細かくいうと、発酵度30程度のものを包種茶《ほうしゅちゃ》、70程度のものをウーロン茶と呼称しています。

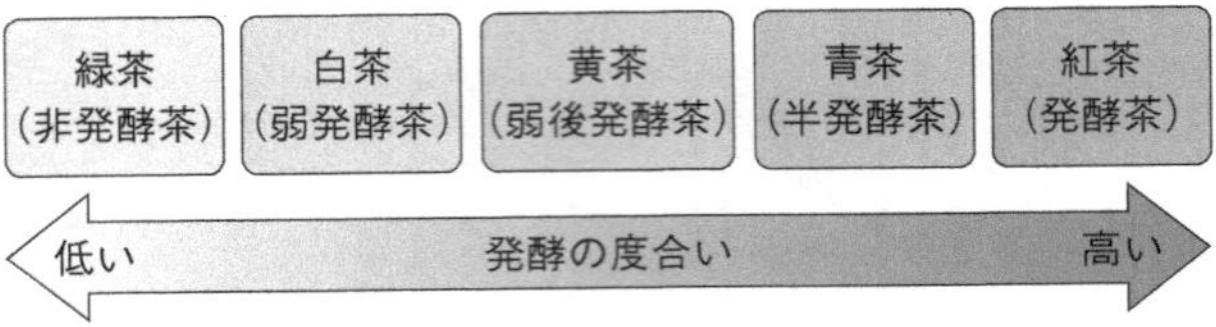

図1-6　中国茶の発酵度による分類

中国茶は、発酵の度合いによって5つに分類される。発酵度が高まるにつれて水色は濃くなる。また、微生物発酵の黒茶もある。

包種茶には「文山《ぶんざん》包種茶」などがありますが、発酵度合いが少ないため、水色は限りなく緑茶に近いです。ウーロン茶には「東方美人」や「凍頂《とうちょう》烏龍茶」などがありますが、水色は限りなく濃く、紅茶に近いものです。

緑茶から発酵が進むにつれて、白茶（弱発酵茶）、黄茶（弱後発酵茶）、青茶（半発酵茶）、紅茶（発酵茶）と分類でき、水色も濃くなっていきます。この中でウーロン茶は青茶に分類されます（図1-6）。このほか、微生物による発酵の黒茶もあります。

白茶には、「白牡丹《ぱいむーたん》」「銀針白毫《ぎんしんはくごう》」などがあり、黄茶には「蒙《もう》頂黄芽《ちょうこうが》」「君山銀針《くんざんぎんしん》」などがあります。

ウーロン茶のさまざまな種類

ウーロン茶にもさまざまな種類がありますが、おもなものは表1-2に示したとおりです。

数ある中国茶の中でも、青茶が作られているおもな地域は、福建

品種名	産　地	特　徴
東方美人	台湾・新竹市	年に1回、梅雨の時期に新芽だけをていねいに摘んで作られる茶葉。半発酵茶のウーロン茶の中では発酵度が比較的高く、紅茶に近い風味と濃い水色を持つ。
文山包種茶	台湾・新北市	青茶の中では発酵度が低いため、日本茶にも近い繊細な味わい。茶葉は深緑色で、水色も緑茶に近い明るい黄金色となる。蘭のように華やかな花の香りが特徴。
凍頂烏龍	台湾・南投県	台湾茶を代表する青茶。中国で作られるウーロン茶よりも発酵度が低く、コクはあるがやさしい味。花のような爽やかな香りも特徴で、どんな食事にも合う。
高山	台湾・南投県	阿里山、杉林渓、梨山など、台湾の中心を南北に走る山脈に産地がある。産地によって風味は異なり、標高が高くなるほど香り高く、滑らかな味わいとなる。
水仙	中国・福建省	甘みのある独特な香りが特徴的なウーロン茶。地域によって製法が異なる。水色は赤褐色で鮮やか。ウーロン茶の約半分のシェアがあり、ポピュラーな品種。
鉄観音	中国・福建省	南部の安渓で作られる青茶の代表といえる品種。年4回ほど生産され、春に作られるものが絶品とされる。金木犀のように甘くフルーティーな香りが特徴。

表1-2　**おもなウーロン茶の種類**

省、その南西にある広東省と、台湾海峡を挟んだ台湾の3ヵ所です（図1-7）。

福建省は、温暖で暖流の影響も受け、茶の栽培に適した地域です。

省内には古くから銘茶が産出されてきた武夷《ぶい》山脈がそびえ、武夷山と南部の安渓《あんけい》県がウーロン茶の産地となっています。

武夷山は武夷岩茶の最高峰である「大《だい》

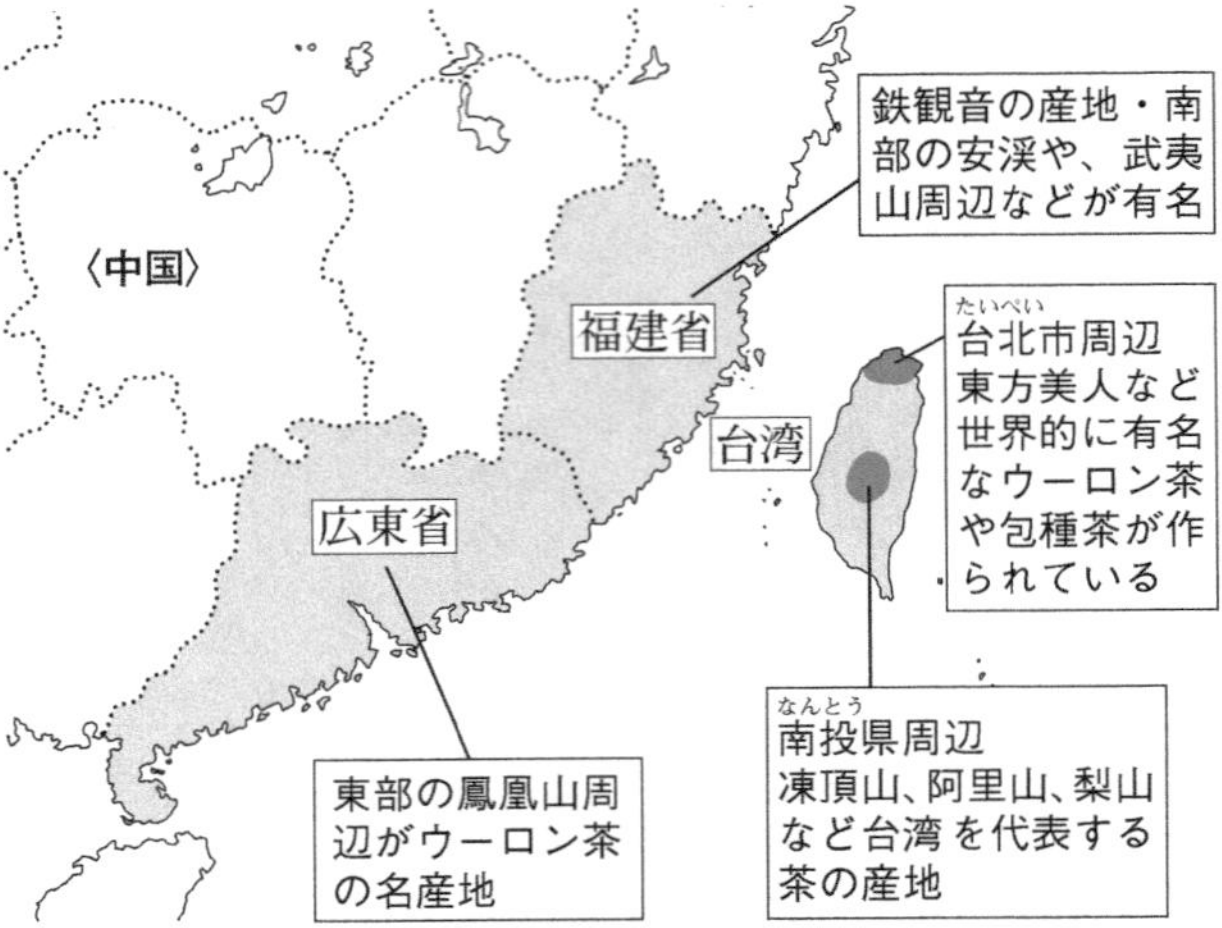

図1-7　おもなウーロン茶の産地

おもに3つの地域で生産されている。図中にはないが、長江下流の黄山・太湖地方は紅茶と緑茶の名産地として知られる。そのほか、貴州・四川地方は緑茶、雲南・広西地方は黒茶の名産地。

紅袍《こうほう》」、安渓県は「鉄観音」が名産です。また武夷山周辺では、ウーロン茶発祥の逸話が残る「正山小種《せいざんしょうしゅ》（ラプサンスーチョン）」も作られています。

広東省は、東部の鳳凰山周辺が青茶の名産地として知られ、「鳳凰単《ほうおうたん》欉《そう》」「石古坪《せっこへい》」「烏崠単欉《うーどんたんそう》」など、日本ではあまり知られていない銘茶が多数揃っています。

また、福建省から茶樹が移植された台湾は、気温が温暖で雨量も豊富なことからウーロン茶の栽培に適しているといわれています。

産地となっているのは、北部の台北市周辺と、自然豊かな中部の南投《なんとう》県。台北市周辺では、坪林《ぴんりん》、木柵《もくさく》など文山一体で生産され、「包種茶」や「東方美人」など、世界でも人気の高いウーロン茶が作られています。南投県は山岳地帯からなり、凍頂山、阿里山、梨山《なしやま》、杉林渓《さんりんけい》など、銘茶の名となった山々が連なります。この地域で作られる茶葉は、硬くて丸い形状が特徴で、世界でも大ブームになった「凍頂烏龍」をはじめ、「阿里山烏龍」「梨山烏龍」など、台湾を代表するウーロン茶が数多く誕生しています。

紅茶「発酵茶（付加茶）」

すでに何度もお話ししているように、紅茶は緑茶を付加反応によって発酵させたものです。摘んだ茶葉の水分を飛ばして（萎凋）揉んだあと、高温多湿の部屋にしばらく置いて発酵を進めてから乾燥させ、茶葉が完成します。

紅茶の魅力はなんといっても香りです。発酵時間を長くすると、水色は濃くなりますが香りはなくなってしまいます。反対に、発酵時間を短くした紅茶は、香り高くなりますが水色は非常に薄く、緑茶と見間違えるようなものに仕上がります。

紅茶のおもな産地はインドのダージリン、アッサム、中国のキームン、そしてスリランカのウバです（図1‐8）。アッサム以外を世界三大紅茶、アッサムを含めると世界四大紅茶といわれています。世界的には、生産される茶の約70％は紅茶であり、近年はこの他にケニア、タンザニア、インドネシア、トルコ、バングラデシュなどの紅茶の生産が急増しています。

緑茶でいう一番茶、二番茶は、紅茶では「ファーストフラッシュ」「セカンドフラッシュ」といいます。茶葉の産地によって摘む時期は異なるのですが、たとえばダージリン紅茶であれば一番摘みのファーストフラッシュは3～4月。水色は非常に薄い褐色で、緑茶のようにも見えます。また、柔らかなマスカットフレーバーとも呼ばれる爽やかで香り高いのが特徴です。渋みも柔らかく、まさに紅茶の王様のような存在です。取れる量が少ないため、高値で取り引きされます。

二番摘みのセカンドフラッシュは5～6月に収穫されます。水色はファーストフラッシュより濃い褐色となり、カテキン含有量が増え渋みも少し増すとともに、コクのある味わいとなります。嫌みのない爽やかな渋みが特徴で、「メイ・ジューンダージリンティー」としてダージリン紅茶の最高級品です。「紅茶のシャンパン」とも称されます。

その後、10～11月の秋に摘まれる茶葉を「オータムナル」と呼びます。これは茶葉がしっかりと成長し厚みがあり、濃い褐色の水色となります。渋みもしっかり出るのでミルクティーに向いています。ミルクを入れることによって味がマイルドになり、ミルクに負けない特徴的なフレー

図1-8　**おもな紅茶の産地**

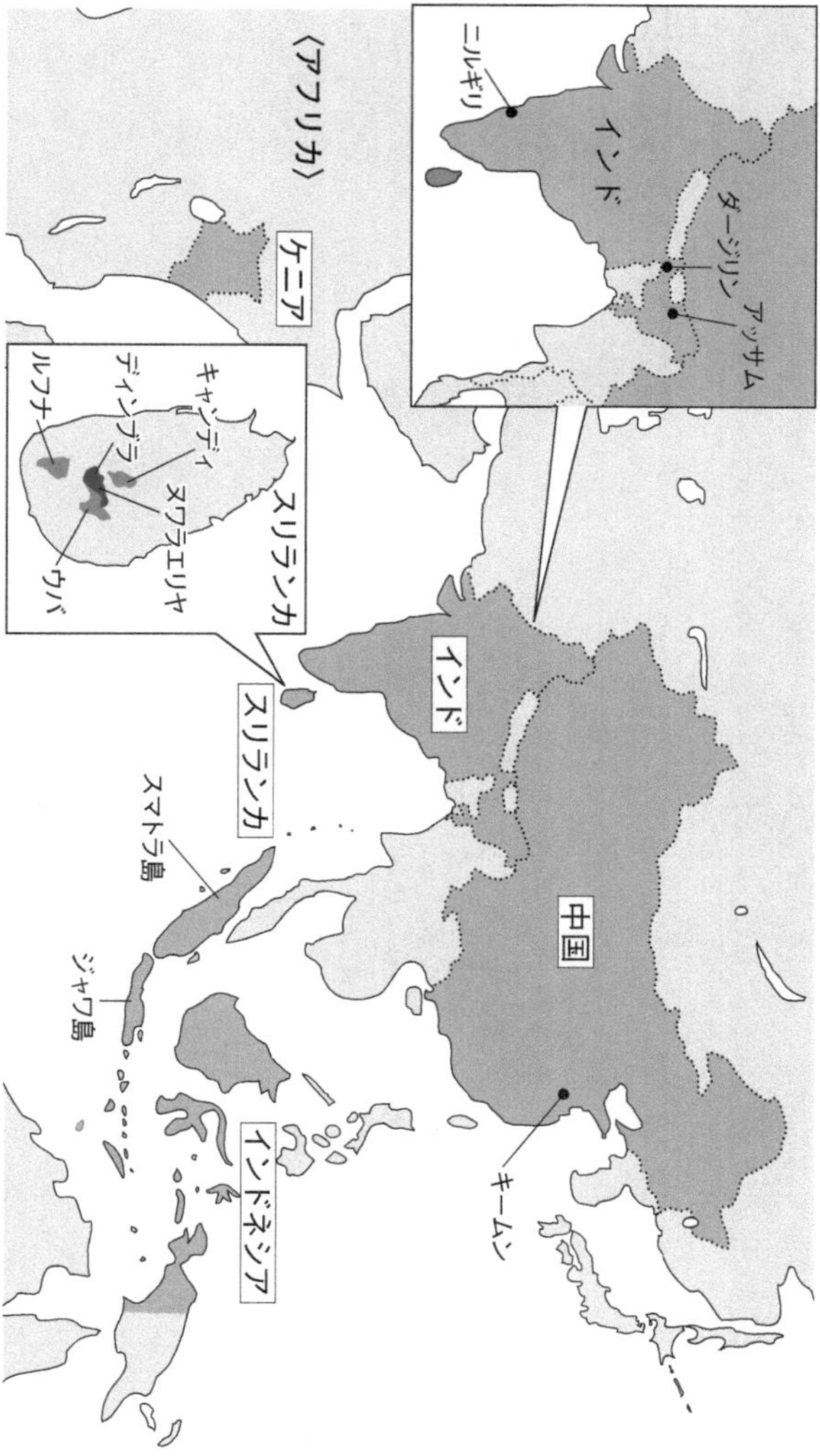

バーが鼻をくすぐります。

東北インドのアッサム紅茶のファーストフラッシュは4～5月、セカンドフラッシュは6～7月に収穫されます。

香りも良く、水色も大切にしたいという紅茶は、セイロンウバ（スリランカ）紅茶に代表されます。これは「フラワリー」ともいわれるように花のような香りを伴い、水色も鮮紅色でパンチのある紅茶です。ゴールデンリング（黄金環／151ページ参照）が形成されやすく、これにミルクを少々加えると味はマイルドに、水色は鮮やかな乳赤色になります。

セイロンウバ紅茶の美しい水色は、製造工程でローターベインと呼ばれる機械を通して揉まれることにあります。この機械を通すと茶葉は小さく引き裂かれますので、発酵時間は短くても十分に化学反応は進行し、テアフラビンという紅茶の色素成分が生成されるのです。発酵時間が短いので、香気成分も十分に保持されることになります。

紅茶のさまざまな種類

紅茶といえばイギリスと思われていた方も多いことでしょう。しかし、紅茶はイギリスで作られているものではなく、産地と文化が発展した地域が異なるのです。

いまお話ししたように代表的な産地は、インド、スリランカ、中国、インドネシア、ケニアなどで、いずれも水はけがよく、温暖な地域です。

インドのダージリン、スリランカのウバ、ケニアなどは、標高が高いところほど朝晩の気温が下がり、香り高い質のよい紅茶ができるといわれています。標高の低い地域は、茶葉は豊富に収穫できますが、香りが少ない傾向にあり、フレーバーティーなどに活用されるなど、生産地によって製法がうまく分けられています。まずは産地別の種類をみていきましょう（表1－3）。

・インド

ダージリンティーを飲んだことはあっても、その名がインドの地名に由来するもので、ヒマラヤ山麓で作られる中国種の銘柄だと知る方は、そう多くないのではないでしょうか。

紅茶の生産量で世界第1位を誇るのがインドです。生産地は、ヒマラヤ山脈の裾野に広がる北東部（ダージリン）と、丘陵地の広がる南部（ニルギリ）、バングラデシュと国境を接するアッサム地方に分かれ、北東部だけでインドの紅茶の75％が栽培されています。

インドの紅茶の歴史は、イギリスの植民地だった時代に、アッサム地方の密林に自生する茶樹（アッサム種）が発見されたことから始まりました。アッサム種は中国種よりも葉がはるかに大

表1-3　産地別のおもな紅茶の種類

産地		特徴
インド	ダージリン	ヒマラヤ山麓のダージリン地方（標高1000〜2500m）で作られる。昼夜の寒暖差が激しいため、香り高い紅茶となる。収穫時期によって呼び方が異なるが、初夏に摘まれるセカンドフラッシュは、マスカットのような香りがして、もっとも良質とされている。
インド	アッサム	標高500m以下で、雨量の多い大平原で作られる。濃く黒みがかった茶褐色の水色で、芳醇な香りを持つ。しっかりしたコクのある味わいだが、クセはなく飲み口は爽やか。濃厚な味わいのため、ミルクティーにするのがおすすめ。
インド	ニルギリ	スリランカに近いインド南西部で生産されるため、味はセイロンティーに似ている。しっかりとしているが、爽やかでクセのない味が特徴。12〜1月に摘まれた茶葉がとくに品質が高いが、気候の良い地域のため、年間を通じて生産される。水色は濃い目のオレンジ色。
スリランカ	ヌワラエリア	スリランカの紅茶の産地のなかでももっとも高い標高1800mで生産される。ハイ・グロウンティー。昼夜の寒暖差が激しいため品質の良い茶葉ができ、「セイロンティーのシャンパン」とも称されている。花のような甘い香りと緑茶のような爽やかな渋みが楽しめる。
スリランカ	ディンブラ	中央高地の西側で生産されるハイ・グロウンティー。フルーティーな香りで、渋みのない爽やかな味とのバランスがよい茶葉のため、毎日飲んでも飽きがこない。タンニンの含有量が比較的少なく、水色は透き通った深いオレンジ色。アイスティーにも向いている。
スリランカ	ウバ	中央高地の東側で生産されるハイ・グロウンティー。ダージリン、キームンと並ぶ世界三大紅茶の一つ。渋みと爽やかな香りが特徴で、良質なものはすずらんのような花にメントールがプラスされたような香りを持っている。6〜8月に摘まれた茶葉は、とくに質が高い。
スリランカ	キャンディ	スリランカで最初に茶園が作られた中部の古都、キャンディで生産されるミディアム・グロウンティー。スリランカではもっともポピュラーな紅茶として親しまれる。渋みが少なく、口当たりは軽やか。水色がオレンジ色がかった赤で、アイスティーにしても美しい。
スリランカ	ルフナ	スリランカ南部の茶園で栽培されるロー・グロウンティー。高温多湿な地域で育つ茶葉で、水色は深く濃いのが特徴。また、渋みは少ないが燻したようなややスモーキーで独特の香りを持っている。ワイルドな風味のため、ミルクティーとの相性もとてもよい。

	産地	特徴
中国	キームン	世界最古の紅茶の産地として知られるキームン。丁寧に時間をかけて作られるリーフタイプの紅茶。スモーキーで濃厚な香り、まろやかなコクがある。世界三大紅茶の一つで、上質なものは蘭のような香りも。ヨーロッパでは「中国茶のブルゴーニュ酒」と称される。
その他	ケニア〈ケニア〉	セイロンティーに似て渋みが少なく、フレッシュな香りとバランスのよいマイルドな味わいがある。20世紀になってから生産が開始され、急速に紅茶栽培が広まった地域。気候がよく一年中茶摘みができることもあり、現在、紅茶の輸出量は世界でもっとも多い。
その他	ジャワ〈インドネシア〉	ジャワ島の西部で栽培される茶葉。一年を通じて温暖な気候のため、年中生産が可能で、安定した品質も保っている。水色は赤みがかった明るいオレンジ色で透き通っている。マイルドな香りとすっきりした後味も特徴。ストレートティーやアイスティーに向いている。

きく、収穫量が多いため、栽培・茶園の開拓が順調に進んでいきました。

ダージリンティーは、「中国の気候に近いヒマラヤ山脈のダージリン地方であれば、中国種の栽培ができるのではないか」と考えたイギリスのキャンベル博士の着想にもとづき、この地に茶樹を植樹したことで１８４１年に誕生したものです。

１９４７年にインドはイギリスから独立しますが、その後も世界第一の生産量は変わらず、春から秋の収穫時期によって、味や香り、水色が異なる個性的な紅茶が作られています。

一般的には、インド北東部の紅茶は、渋みやコクなどの個性が強いものが多く、南部の紅茶は、クセの少ない飲みやすいタイプが多いのが特徴です。

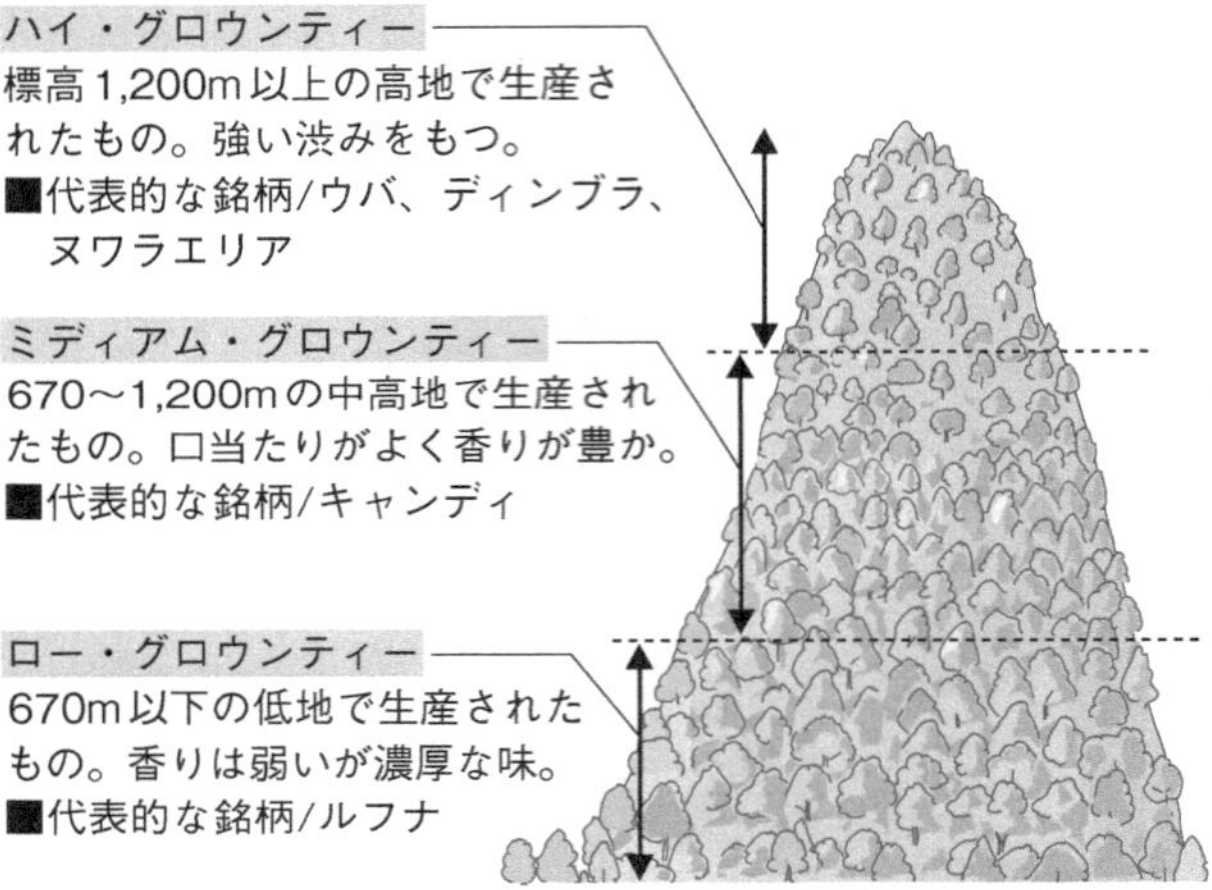
ハイ・グロウンティー
標高1,200m以上の高地で生産されたもの。強い渋みをもつ。
■代表的な銘柄/ウバ、ディンブラ、ヌワラエリア
ミディアム・グロウンティー
670〜1,200mの中高地で生産されたもの。口当たりがよく香りが豊か。
■代表的な銘柄/キャンディ
ロー・グロウンティー
670m以下の低地で生産されたもの。香りは弱いが濃厚な味。
■代表的な銘柄/ルフナ

図1-9　産地の標高によって異なるセイロンティーの区分

スリランカで作られるセイロンティーは、茶園や製茶工場の標高立地によって3つに分けられる。標高によって茶葉の特徴が異なってくる。

・スリランカ

熱帯性地域のスリランカには、インドとほぼ同時期に紅茶がもたらされました。1839年、インドのカルカッタ（現・コルカタ）からセイロン島（現・スリランカ）の植物園にアッサム種の苗木が植えられたのが最初といわれています。その後、ドイツ人が中国種の苗木を移植し、栽培を始めました。

この2種で作られた紅茶がロンドンで評価されたことで、スリランカの紅茶栽培はより生産性を高めていきます。スリランカは年間を通して温暖で多雨のため、クセがなく飲みやすい味の紅茶に仕上がります。

また、スリランカ産の紅茶は「セイロンティー」と呼ばれますが、これは、スリランカが「セイロン」と呼ばれていた頃の名残で付けられたものです。茶園や製茶工場のある標高によって「ハイ・グロウンティー」「ミディアム・グロウンティー」「ロー・グロウンティー」の３つに分類されているのも特徴です（図１－９）。

・中国

中国は紅茶発祥の地ですが、国内需要は圧倒的に緑茶が高いため、紅茶の生産量はそれほど多くありません。しかし、長きにわたり培われた発酵技術によって、世界三大紅茶に数えられる香り豊かで上品な風味の紅茶が誕生しています。

「キームン」は、「キーマン」「キーモン」とも呼ばれ、蘭の香りとコク深い独特な味わいは、ヨーロッパでは「中国茶のブルゴーニュ酒」と称されています。

紅茶の産地として知られるのは、キームンが生まれた安徽《あんき》省、燻製茶ラプサンスーチョンが作られる福建省など。その他、雲南省、四川省、広東省などでも栽培がおこなわれています。

紅茶は、産地以外にも茶葉ができてから製品になるまでの作り方の違いによっても分類するこ

	名称	特徴
ブレンドティー	イングリッシュブレックファースト	イギリスでは、朝食にミルクティーが飲まれることが多い。目覚めの一杯でミルクに合うように、渋みを活かして濃い水色となるようブレンドされた紅茶。インド紅茶とスリランカ紅茶をベースにしたものが多い。
	アフタヌーンティー	午後のティータイムにスコーンやケーキなどを食べながら楽しめるよう、渋みが少なくサラッとした味わい。メーカーによって使う茶葉はさまざまだが、コクのあるアッサムと香りのよいダージリンを合わせたものなど。
フレーバーティー	アールグレイ	ミカン科の果物、ベルガモットの爽やかな香りをつけた紅茶で、多くの商品は精油で着香されている。ベースとして使われるのは、中国紅茶やセイロンティーなどの茶葉。ミルクティーやアイスティーでもおいしい。
	アップルティー	赤リンゴ系や青リンゴ系などメーカーによって香りの特徴はさまざま。茶葉にリンゴのエッセンスを吹きつけたフレーバード製法と、リンゴの皮や果肉を乾燥させたアップルチップを混ぜたブレンデッド製法がある。

表1-4　そのほかのおもな紅茶の分類

とができます。ブレンドティーやフレーバーティーと呼ばれるものです（表1-4）。

さらに紅茶のリーフグレード（等級区分）についてもご紹介していきましょう。

・ブレンドティー

ブレンドティーは、紅茶メーカー各社が複数の銘柄の茶葉を配合し、オリジナルの味に仕上げたものです。その年の天候の影響などを受けて紅茶の茶葉は、出来にばらつきが生じます。それを各社のティーブレンダーが腕を振るい、均一で安定した味にブレンドするのです。

その配合やバリエーションは、メーカーごとに異なり、季節やトレンドの新フレーバーを加えて販売しています。

よく名前を耳にする「オレンジペコー」は、あとでお話しする茶葉のグレードの名称にもなっているので混同しやすいのですが、セイロンの多種が使用されているブレンドティーです。「ブレックファースト」や「アフタヌーンティー」は、その紅茶を飲むシチュエーションに合わせて作られたものです。

・フレーバーティー

フレーバーティーは、茶葉に花の香りやフルーツの風味などを加えたもので、これもメーカー各社が工夫を凝らしています。

その代表格が「アールグレイ」。19世紀にイギリスのグレイ伯爵が愛飲していた中国紅茶の味を模して作ったフレーバーティーといわれています。独特な香りのもとは、柑橘系のベルガモット。多くは精油で着香しています。ベースの紅茶には、中国紅茶やセイロンティーが使用されますが、ダージリンで作られたものも販売されています。

また、古くからある「アップルティー」も、メーカー各社が個性を発揮しているフレーバーのひとつです。青リンゴ系は甘めの香り、赤リンゴ系は甘酸っぱい香りで、リンゴの香気成分を吹きつけたものから、乾燥チップスが入ったものまでさまざまです。

いまでは、手に入りやすい市販の紅茶はフレーバーティーやブレンドティーがほとんどです。香りが薄い茶葉の場合、フレーバーをつけたりブレンドすることによって、新しい紅茶の魅力を引き出すことができるのです。

なお、フレーバーティーの製法には3タイプあり、茶葉に花やフルーツの香気成分を吹きつける「フレーバード」、茶葉に花びらや果肉・皮の乾燥ピールを加えた「ブレンデッド」、茶葉に花やフルーツの香気成分を吸収させる「センテッド」に分けられます。

フレーバードは、価格が手ごろで、リンゴやピーチ風味など、ティーバッグで気軽に楽しめるものも多数出ています。「ブレンデッド」は、紅茶の香りだけでなく、ブレンドした材料の味がするのが特徴です。「センテッド」は、茶葉本来の香りが活かされたまま、ほのかに香るという違いがあります。

・リーフグレード

紅茶の缶や箱を見ると、「ＯＰ」「Ｓ」などアルファベットの表示が入っています。これは、「リーフグレード」（等級区分）と呼ばれるもので、紅茶は茶葉の大きさや形によって分類されて

名　称	解　説
FOP （フラワリー・オレンジペコー）	長さ10～15㎜の茶葉。チップやフラワリーと呼ばれる芯芽が多く含まれていて、その割合が多いほど上級とされる。花のような香り。
OP （オレンジペコー）	長さ7～11㎜の茶葉。細長く強くねじられている。柔らかい若葉と芯芽からなる。オレンジの香りはしない。ゆっくり抽出するのがおすすめ。
P （ペコー）	長さ5～7㎜の茶葉。OPより硬い葉で、短く太めにねじられている。OPに比べると、香りも水色も濃くなる。
PS （ペコー・スーチョン）	Pよりもさらに硬く、太く短い茶葉。Pよりも香りと水色が弱い。
S （スーチョン）	PSよりも丸みがあり、大きくて硬い茶葉。独特の香りのある中国の紅茶、ラプサンスーチョンに多い。
BPS （ブロークン・ペコー・スーチョン）	PSの茶葉をカットしてふるいにかけたもの。茶葉の大きさはBPよりは大きい。
BP （ブロークン・ペコー）	Pの茶葉をカットしてふるいにかけたもの。BOPよりは大きい。芯芽は含まれていない。
BOP （ブロークン・オレンジペコー）	OPをカットして作られた長さ2～4㎜の茶葉。芯芽を多く含む。水色は濃く、香り高い。市販品によくみられる。
BOPF （ブロークン・オレンジペコー・ファニングス）	BOPをふるいにかけた長さ1～2㎜の茶葉。ブレンドティーやティーバッグの紅茶によく使われる。BOPより水色が濃く、香りも出やすい。
F （ファニングス）	BOPをふるいにかけたときに落ちる小さな葉。Dよりは茶葉は大きい。
D （ダスト）	1㎜以下のもっとも細かい茶葉。ふるい分けしたときに、いちばん最後に残るもの。

表1-5　**紅茶のリーフグレード（等級区分）**

います（表1‐5）。

グレードといっても、品質の良し悪しを示すものではありません。リーフタイプと砕いた茶葉では特性も異なります。

一般的に細かい茶葉ほど色も香りも早く出るので抽出時間は短くてよく、大きい茶葉は、香りや色を出すためにゆっくり抽出したほうがよいでしょう。グレードを知っておくと分量や熱湯を注いで蒸らす時間の目安にもなるので便利です（第5章参照）。

黒茶「後発酵茶（発酵茶）」

これまで紹介してきたウーロン茶、紅茶は、微生物によらないいわゆる「発酵（付加）」でしたが、後発酵茶と呼ばれる黒茶だけは異なります。「漬物茶」や「微生物発酵茶」とも呼ばれているのですが、製造工程で必ず微生物が関係するので、本来の（科学的に正しい）「発酵茶」ということになります。

先の図1‐4（26ページ）でも紹介したように、黒茶の種類は、日本では石鎚黒茶（愛媛）、碁石茶（高知）、阿波晩茶（徳島）、富山黒茶（バタバタ茶／富山）の4種、海外ではプアール茶、茯茶《ふーちゃ》（いずれも中国）をはじめ、「食べるお茶」や「茶の漬物」といわれる竹筒酸茶（中国）、ラペソー（ミャンマー）、ミヤン（タイ、ラオス）などが知られています。これらの後発酵茶はいずれも歴史が古く、かなり昔から存在していたとされますが、文字媒体としてきちんと記録されているものは見当たりません。

日本の黒茶は製造に手間暇を要することと、そのわりに販路が少なかったことなどから生産農家も減少し、今現在、稀少価値が高く、幻ともいわれるような茶類です。

富山黒茶（バタバタ茶）は、カビ付けによる好気発酵、阿波晩茶は微生物による嫌気発酵、石鎚黒茶と碁石茶はカビ付けによる好気発酵と嫌気発酵を組み合わせたものなので、発酵による色や香り、嫌気発酵の場合は酸味も加わり、独特の色、香り、味を生成します。

近年、日本では、発酵によってもたらされる降圧作用や動脈硬化・血糖値の改善、整腸作用、脂肪の吸収抑制などの効果が着目され、健康志向の女性を中心にブームとなり、ただでさえ稀少な伝統茶がさらに入手しづらい状況が続いています。後発酵茶の成分はいまだ解明されていないものも多いため、今後さらに詳しい解析が進み、新たな健康効果の発見が期待されています。

第2章

お茶はどこからきたのか?

チャと茶のルーツを巡る旅

チャの樹はどこが発祥で、「お茶を飲む」という習慣は、いつどこでどのように始まったのでしょうか。その長い歴史をひも解きながら、最新の遺伝子解析による研究もご紹介します。

2-1 お茶の歴史

お茶に関する最古の記述

世界中でさまざまな形で親しまれているお茶ですが、そもそもお茶は、いつどこで始まり、どのように広まっていったのでしょうか。ここでは、お茶の起源をたどり、世界各地で地の利を活かした茶の産地がどのように生まれたのかをお話ししていきたいと思います。

お茶がどれほど前に誕生したのかは不明ですが、史書の記述によると、およそ5400年前の中国には存在していたようです。唐の時代、お茶の神といわれた陸羽《りくう》の著『茶経』（760年）に、「茶は南方の嘉木なり」との一節が出てきます。

また、「紀元前3400年に、農業や漢方の神と崇められていた神農が薬草の効能を調べていた際、毒に当たり、その解毒に茶の葉を口にした」と綴られています。つまり、お茶に解毒作用があることが発見され、薬として利用することから始まりました。その後、漢の時代(前202〜後220年)までお茶は薬として食され、重用されていたことがうかがえます。

現在のようにお茶が飲料とされたのは、三国時代(220〜280年)のことです。おなじみの『三国志・呉志』には、「茶を以て酒に代える」との記述があり、酒の代わりにお茶を飲むようになっていたことがわかります。

晋の時代(265〜420年)には、安徽《あんき》省で皇帝に最高級の茶を献上する「貢茶《こうちゃ》」が初めておこなわれたとの記録も残存しており、当時、お茶は上流階級の嗜好品として扱われていました。貢茶の製法は、運搬しやすい固形茶でした。

中国で広がっていった喫茶の文化

南北朝時代(439〜589年)には、四川省から湖北省、安徽省、江蘇《こうそ》省、浙江《せっこう》省でもお茶が作られるようになり、少しずつ産地も広がり始めます。

図2-1　餅茶

現代でも流通しており、熟成10年以上の年代ものもある。熟成させるほど水色は濃く、まろやかな香りとなる。

そして、広く庶民にも浸透するようになるのは、喫茶の風習が生まれた隋の時代（581～618年）頃だと考えられています。各地に談笑しながらお茶を楽しめる茶館ができ、その後、さまざまなお茶を飲んでその種類を言い当てて勝敗を競う「闘《とう》茶《ちゃ》」も催されるようになるなど、お茶は嗜好飲料へと変わり、製造技術も発展していきました。

唐の時代（618～907年）には、中国全土でお茶が栽培されるようになり、日常的にお茶を飲む習慣ができます。前出の『茶経』には、製茶や茶の産地、淹れ方、飲み方、茶道具、心得なども紹介されていて、現在ではお茶のバイブルともいえる貴重な資料になっています。

この頃に飲まれていたのは、蒸した茶葉を臼でついて固めて乾燥させた餅茶《へいちゃ》という固形茶で、丸餅のような形状をしていました（図2-1）。これを飲むときは、餅茶をあぶって砕いたものを薬研《やげん》で粉にし、鍋で煮出すのですが、茶葉のほかに塩や葱、棗《なつめ》や薄荷《はっか》、薑《はじかみ》なども加えられていたようです。

李白をはじめ多くの詩人、文豪が茶に親しむことで喫茶文化が根付き、お茶の生産と消費が拡大していった時代です。日本でのお茶の歴史はのちほど触れたいと思いますが、最澄をはじめとする遣唐使が唐代805年頃に中国からお茶を日本に持ち帰ったともいわれています。

宋の時代(960〜1279年)になると、お茶の製造技術が発達していきます。餅茶の製法がより複雑になり、呼び方が変わって「片茶《へんちゃ》」や団子状にした「団茶《だんちゃ》」などと呼称されるようになります。その飲み方は、茶葉を粉末にして茶碗に入れ、湯を注ぎ竹製の「茶筅《ちゃせん》」を用いて攪拌するという、日本の抹茶に近いものだったとされています。

朝廷や上流階級の間では、製造にも淹れるにも手間のかかる「龍鳳茶《りゅうほう》」という団茶が愛飲されていました。新茶の季節には、闘茶が盛んにおこなわれ、お茶好きの人が増えてきたことをうかがい知ることができます。

団茶禁止令から茶文化の黄金期へ

明の時代(1368〜1644年)には、庶民の楽しむ文化として喫茶が定着しますが、茶のあり方は大きく変遷していきます。初代皇帝・洪武帝《こうぶてい》(朱元璋《しゅげんしょう》)が、団茶はお茶本来のおいしさを損ない、製造に手間がかかるものだとして、「団茶禁止令」を施行したのです。それ以後、製茶の主流は、固形茶から挽いて粉状にした「散茶」へ変遷していくのです。

またこの頃は、お茶と馬で取り引きをする「茶馬貿易」が盛んで、お茶が軍事交渉にも用いられるなど重要な役割を持つようになります。晋代から長く続いていた貢茶制度が廃止され、貢茶が茶馬貿易用となったことも、散茶の普及に拍車をかけたといわれます。

茶の製造法も、蒸し製法から釜炒り製法が中心になったことで、香りや水色の濃い「炒青《しょうせい》茶」が誕生。残った団茶にジャスミンなどの花の香りを着香させた「花茶」や、紅茶の製造も開始され、さらに浙江省の西湖龍井《せいころんじん》茶や安徽省の黄山毛峰《こうざんもうほう》などの緑茶も広く周知されるようになるなど、お茶の生産は拡大の途を辿りました。

茶器の文化も発達して、宜興《ぎこう》の茶壺《ちゃこ》が使用され始めるのもこの頃です。

明代末期には、中国茶の最高峰ともいわれた希少価値の高い「武夷岩茶《ぶいがんちゃ》」(岩肌に生育する茶樹から作るウーロン茶の一種)が上流階級で人気を博しました。

1600年代になると、お茶がヨーロッパへ渡り、紅茶が注目されるようになります。清の時代(1616~1912年)には、広東省では現在の飲茶の原型ができました。中国茶の栽培や茶道具が充実し、茶文化はまさに黄金期を迎えるのです。福建省では青茶(ウーロン茶)が誕生し、青茶ならではの芳香が追求されるようになっていきました。

お茶が発端で戦争が勃発

その一方、ヨーロッパへの茶の輸出が始まったことで、イギリスを中心に紅茶文化が花開きます。しかし、お茶の貿易取引に銀が用いられたことが、中国茶の発展に影を落とすことになりました。銀での支払いに底がついたイギリスは、植民地だったインドでケシから取れるアヘンを輸出することで、清から銀を引き出そうと目論んだのです。

その思惑通り、銀が大量に流出した清は国家財政が窮乏、アヘンの吸引が広まった社会は混乱を来し、やがて1839年に清がアヘンの密輸入を厳罰化したことで、翌年のアヘン戦争勃発へと突き進みます。

その後、英仏清露で締結した北京条約（1860年）により、イギリスとドイツが中国茶貿易の実権を握ることとなり、紅茶以外の中国茶の輸出は減少。生産は下降の一途を辿り、茶園や製造施設は荒廃していきました。

中国茶の生産が再び活況を呈すのは、中華人民共和国の設立以後のことです。毛沢東の文化大革命（1966〜1976年）によって「茶は贅沢品」とみなされて栽培制限がかかり、庶民が茶を自由に飲めなくなる時代もありましたが、徐々に台湾で茶の栽培が広がり、青茶の名産地としての基盤を築きます。ウーロン茶を淹れる中国茶特有の作法「茶芸」も発達し、「東方美人」のような世界で愛される銘茶が誕生するのです。1980年代には、日本でもウーロン茶が中国茶の代名詞になるほど人気を博すようになります。

2-2 チャの原木はどこにある？

チャの樹の起源を求めて

それでは、植物学的なチャの樹そのものは、どこが起源となるのでしょうか。チャの樹の発祥

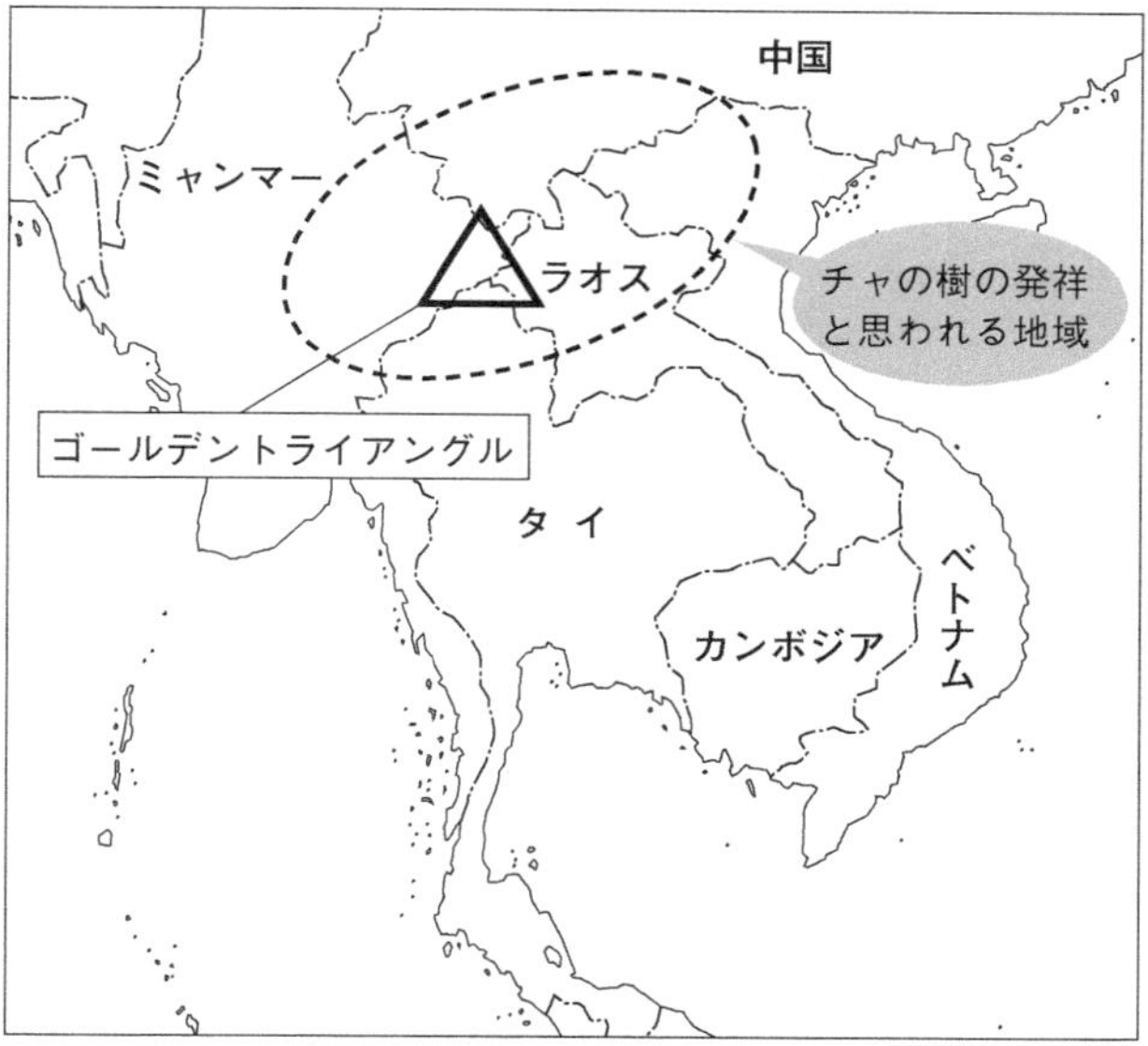

図2-2　茶樹の発祥と思われる地域

中国雲南省の奥地、ミャンマー、ラオス、ベトナム、タイとの国境近くがチャの樹の発祥の地だと考えられている。ゴールデントライアングルは、さまざまな植物の起源となっている地。

は、照葉樹林地帯である中国雲南省の奥地、ミャンマー（旧ビルマ）、ラオス、ベトナム、タイとの国境近くであるといわれています（図２-２）。

とくに、ミャンマーやタイ、ラオスと中国雲南省が接する国境付近は、「ゴールデントライアングル（黄金の三角地帯）」と呼ばれ、さまざまな植物の起源ともなっている地として知られています。別名「食の交差点」ともいわれ、豊かな作物、植物が誕生した地です。ミャンマーのナムサンは、アヘンの栽培も盛んで国際的に麻薬の密売が横行しているという、危険と紙一重の地域でもあります。

しかし、このゴールデントライアングルで、チャの樹も発祥した可能性があるのではないかと考え、私はチャの樹の起源を求めて、中国、ミャンマー、ラオスのほか、その周辺のタイやベトナムへ研究のために何度も足を運んでいます。

樹齢3200年⁉　世界最古の茶樹

中国雲南省は、プアール茶をはじめ独特な風味が人気の黒茶の名産地。世界的な茶樹の原産地としても知られている地域です。この雲南省に隣接するミャンマーは、古くから茶樹が自生し、緑茶を飲むだけではなく、お茶を「食べる」独自の文化が発展しました。ラオスは南部のチャンパーサックにチャの古木があり、食べるお茶も存在しています。またベトナムは、中国の支配下に置かれた時代があったことから、緑茶や青茶がよく飲まれるようになり、茶産業が発展したといわれています。

したがって、チャの樹の発祥ルーツは、中国雲南省にありといってもよいのかもしれません。

実際、雲南省の西双版納《しーさんぱんな》という地域には、チャの原木ではないかといわれる茶樹が現在でも生息しています。しかし、その数は1本ではなく、研究者の間では、樹齢１０００年を超える茶樹が「少なくとも60本はあるのではないか」といわれているのです。

上海から雲南省の省都・昆明《こんめい》に行き、そこから飛行機で景洪《けいこう》へ、さらに車に数時間ゆられて奥地に入ると、チャの原生林が広がる西双版納に着きます。

長きにわたってチャの原木として認められていたのは、西双版納の南糯山《なんのうさん》に自生する樹齢８００年といわれる「茶樹王《ちゃじゅおう》」でした。しかし、１９９５年に落雷にあって枯死してしまっています。

これでチャのルーツは途絶えてしまったのかというと、そうではなく、じつはこの「茶樹王」が枯れてしまう前後に、雲南省の大黒山《だいこくさん》という別の原生林で、樹齢１７００年にもなる「茶王《ちゃおう》」と呼ばれるチャの原木が見つかっていたのです。

しかしそれでは終わりません。さらに今から20年ほど前には、雲南省の双江県《そうこうけん》で、なんと樹齢３２００年の「香 竹菁大茶樹《しゃんつーちん》」が発見されました（図２‐３）。現在、世界最古といわれるこの香竹菁大茶樹が、現存するチャの樹のおおもと、中国種のルーツではないかと考えられています。

みなさんもご存じのとおり、木の年齢は年輪を数えて算出されますが、茶樹は古くなると幹の内部が髄化して空洞となってしまっており、年輪では樹齢をカウントすることができません。公

図2-3　樹齢3200年の香竹箐大茶樹

雲南省に存在し、現在確認されている最古の茶樹。幹は胴回りが4mもある（写真下は筆者）。

表されている樹齢は、お茶の研究者がさまざまなデータをもとに推計したものです。

この香竹箐大茶樹の存在を知り、実際に見るために私が現地に赴いたのは、1998年のことでした。

香竹箐大茶樹は胴回り4m、高さ15mの大樹で、想像以上の大きさには圧倒されます。歴史の重みを感じ、思わずその幹に頬を寄せてしまいました。葉は豊かで青々とし、爽やかな香りを呈していました。当時、現地の方はこの茶葉を摘んでお茶を作って飲んでいるとのことでした。

おそらく、この地域にある古木が世界各地に広まっていった可能性があると思います。香竹箐大茶樹は中国種ですが、アッサム種のおおもとになるチャの樹も西双版納にあるといわれています。ただ、アッサム種のルーツはまだわかっていないことが多く、その解明はこれから長い道のりになりそうです。

ミャンマーの知られざる原木

ミャンマーにもこれまでに20回ほど訪れていますが、初めて訪問したのは、今から30年以上前のことです。ミャンマーは、長く軍事政権であったために外国人の入国は制限されていました。

当時は研究目的でもなかなか入国許可が下りず、知り合いにミャンマー政府関係者と親しい人がいたため、その伝手《つて》で現地へ向かうことになったのです。私たちの向かう場所は外国人の立ち入り禁止区域だったことから、自動小銃を手にした軍関係者が10名くらいずつ乗った車が、私たちの車の前後を挟み、警護と称して伴走してくれました。何とも物々しい様子は、平和な国、日本から来た私には驚きの光景でした。

ミャンマー、ラオス、タイとの国境に接するゴールデントライアングルに、樹齢８００年を超えるチャの原木が生息していると聞き、案内してもらうことになりました。

ミャンマーの旧首都・ヤンゴンから十数時間を要して北シャンのナムサンに到着し、そこから

図2-4　ミャンマーに存在する樹齢800年超の茶樹

左は樹齢1000年の「ナムサンの大茶樹」、右は樹齢800年を超えるといわれる「アランシッドの大茶樹」。
（筆者撮影）

歩いて1時間ほどいくと、広々とした丘陵地にその樹は忽然と姿を現しました。

周囲に柵などは設けられていませんが、神聖なる樹であるとして、この地域は「女人禁制」とされているそうで、今でも女性は樹の側まで行くことはできません。

それは「ナムサンの大茶樹」と呼ばれ、樹齢1000年だといわれています（図2‐4左）。中国種の原木だと考えられており、高さは10mほど。ゴールデントライアングルは、さまざまな植物のルーツの坩堝《るつぼ》ではありますが、ミャンマーにはあまり古い樹はないと考えられていたため、じつは、私たちが調査に行って初めて世界に発表した原木のひとつにあたります。

アランシッド王が植えたといわれる「アランシッドの大茶樹」（図2‐4右）もその地域に生息して

おり、同様に樹齢８００年を超えているとのことですが、そちらも世界的にはあまり知られていませんでした。こうしたミャンマーの原木は、茶の地理的な分布と歴史を知るうえで大きな意味を持っています。樹齢１０００年もの茶樹が現存しているということは、実際にはもっと長い歴史がそこにあることを意味するはずです。この事実と、民族や国家の動きや形成を重ねていけば、ルーツが次第に明らかになっていくものだと考えています。

日本の茶はどこからやってきたのか？

チャのルーツと思われる樹が、未だに現存していることに驚かれた方も多いのではないでしょうか。その樹の種は、どのようにして日本に渡り、お茶が伝わったのでしょうか？　じつは、これにも諸説あり、「渡来説」と「自生説」が存在し、今なお論争が続いています。経済作物として重要だからこそ、それぞれの立場から見た諸説が平行線のまま語られているのです。

「渡来説」は、現在残されている数少ない文献や古文書から言い伝えられているもので、それによると、お茶が日本に最初に伝えられたのは１１９１年。教科書的には、栄西禅師がチャの種を持ち帰ったとされています。煎茶に準じた製法ではありましたが、当時は技術が未発達のため、およそ茶葉の色、形も不揃いの紅茶に近いものだったようです。団子状に固めた団茶を粉にして飲用したりしていたようです。

しかし、栄西以前にも、最澄、空海、永忠といった僧が遣唐使として中国に留学していました。彼らが帰国する際、茶やその種、茶に関する書物、道具類などを持ち帰っていても不思議はありません。一説には、そう伝えられています。

いずれにしても、現在、日本に生息している茶樹は、すべて中国種です。中国から持ち帰られたさまざまな茶樹の種から育った茶樹が交配され、その土地に適した品種が生まれていったと考えられています。

自生説か、渡来説か

またその一方で、日本の四国地方には、第1章でもご紹介したような阿波晩茶や碁石茶などの伝統的な後発酵茶があります。地元で語り継がれていることによると「源平合戦のあった1180年頃には既に飲まれていた」ともいわれているため、これこそが自生した茶樹から独自のお茶を楽しむ文化が生まれた、日本の茶のルーツではないかとも考えられるのです。

現存する古文書や歴史書から「渡来説」のほうが優勢である一方、歴史の時間軸で見ると、日本にチャの種が伝わったとされる以前からお茶が飲まれていたことを記した資料も残っているため、未だにはっきりしていません。

たとえば、日本における「喫茶の風習」の変遷を見ても、栄西がチャの種を持ち帰ったとされる以前から、お茶が存在していたことがわかります。

喫茶について文献に初めて出てくるのは、聖武天皇の時代（７２９年）で、「天皇が百僧に茶を賜る」と記されています。次いで８０５年の遣唐使の帰国、その14年後の８１９年には、「梵釈寺等で嵯峨天皇に茶を献ずる」とあります。それから2ヵ月後には、天皇は、近江、播磨など畿内の国にチャを植えることを命じています。

しかし、嵯峨天皇の崩御後、喫茶の風習は急速に廃れていきました。以後、およそ４００年間、宮廷工房（大内裏茶園、造茶所）で団茶が作られ、喫茶は寺院の僧侶により細々と命脈をつないでいたとされています。喫茶の風習が再開し、一般に広がるのは、鎌倉時代の１２００年。栄西が南宋から帰国し、抹茶の効能を説いて以降のことです。

その後、室町・安土桃山時代を経て、喫茶の風習は「茶の湯」に発展していきます。我が国独特の精神世界を形成するために、多大な貢献をしたことは周知のとおりです。江戸時代の中期に永谷宗円《ながたにそうえん》が、今に見る煎茶機械の前身とも考えられる機械を考案し、以後、茶が急速に庶民の間にも普及していきました。

もし聖武天皇の時代に喫茶がおこなわれていたとすれば、その時代にすでに茶樹は日本に存在していたことになります。また、嵯峨天皇の時代に、近江や播磨などの畿内に「チャの樹を植える」ことが奨励されていることからも、この時点で、多くのチャの苗や種子が調達できなければ不可能なことです。

茶樹が古くから日本に存在していても、何も不思議はないですが、ただし、これをもって「自生していた」と結論づけるのは時期尚早でしょう。奈良時代以降、永忠や最澄をはじめ多くの僧が入唐して、帰国に伴い、茶樹や種を持ち帰ったとする記述や言い伝えは、枚挙にいとまがありません。〝人が動けば物も動く〟のが道理。とくに食べ物であれば尚のことです。

先に触れたとおり、中国の喫茶の歴史を見ると、すでに漢の時代には四川省がチャの栽培地として知られ、宮廷では喫茶が習慣となっています。六朝時代の江南地域では、一般市民が喫茶の風習を楽しんでおり、中国の漢代と六朝の時代の茶は、団茶であったといわれています。

日本は縄文・弥生時代より、食べ物をはじめ多くの食材を大陸から調達してきた国でもあります。食材のほとんどは、他国から持ち込まれて成り立っているといっても過言ではありません。

弥生時代、人も大陸から渡来してきた倭国の成り立ちを見ると、そのことがより鮮明になります。渡来してきた人たちが、水稲と共にその地で食されていた物を持ち込むことは、しごく当然なことだと考えられます。縄文・弥生の渡来人然り、永忠然り、栄西然りなのです。

2-3 遺伝子研究からチャのルーツを探る

ＤＮＡ解析によってわかること

近年の目覚ましい遺伝子工学技術の発展によって、ＤＮＡの塩基配列の情報が生物の分類に大きな影響を与えるようになりました。また、生物がいつ頃出現したのかを知ろうとした場合、かつては化石が重要な役割を果たしていたのですが、最近はそれに代わって、ＤＮＡの塩基配列の比較解析から推察することができるようになってきました。今やＤＮＡの解析情報は、生物の起源や分類を示す科・属と、種内の類縁関係を知るためにはなくてはならないものになっています。チャに関しても、DNAを解析することで、日本やアジアで栽培されているチャのルーツはどこにあるのか、どのような種類があるのか、どこまでわかるのでしょうか。

数多くある品種の中から、たとえば「やぶきた」のような品種を選択的に識別できるのか。日本の茶樹は、本来的に日本にあったものか（自生種）、それともどこか別の国から持ち込まれたものなのか。ここでは、こうしたいくつかの疑問に対して、遺伝子解析によって見えてきたことや、これからも探求され続けなければならないことについて触れてみたいと思います。

日本チャの遺伝的な傾向とは

茶樹が人の動きと共に、中国から日本へ持ち込まれた可能性を否定することはできません。遺伝子解析によると、日本におけるチャの樹、日本チャの在来種は、中国種が変化した中国変種であり、異なる栽培地域であっても遺伝的な多様性は乏しいことが明らかにされています。それはどういうことなのか、もう少し詳しくお話ししていきましょう。

一般的に、栽培地域が異なる場合は、その植物は豊かな多様性を示します。実際、中国やミャンマーのチャの在来種は多様性に富んでいます。同様のことが、日本に自生しているチャと同科のツバキやサザンカに見受けられます。とくにサザンカは、さまざまな倍数体（生存に必要な最小限の染色体の対〈ゲノム〉をいくつ持つか）の仲間が知られています。しかし、日本チャの在来種にはその多様性が見つかっていないのです。

遺伝子のＤＮＡ解析では、日本チャの在来種は、どれも極めて親和性の高い、遺伝的関係が示されました。つまり、九州、四国、近畿、東海と地域は違っていても、遺伝的には極めてよく似ているということです。

ただ、遺伝的な差異がないわけではなく、近畿地域のチャには中国チャに認められる特徴的なＤＮＡ断片が存在することがわかりました。しかし、チャの樹がもともと国内に自生していたとするならば、もっと大きな遺伝的変異があっても不思議はないように思います。

ちなみに、「チャ自生説」の根拠とされるのは、古くから日本の山間部に自生している茶の樹〝山茶〟の存在です。西南暖地から関東、東北にかけて広く生育しているのですが、このＤＮＡ解析をおこなうと、在来種と遺伝的にほとんど同じであることがわかっています。つまり山茶は、人の動きとともに在来種がチャ園から持ち出されて広がっていったものとみなされるのです。

現在のところ日本チャのＤＮＡ解析の結果から考察できるのは、「日本チャの在来種は、地理的に限られた地域から先祖の同じ種が複数の留学僧などによってもたらされたものである可能性が高い」ということです。

現存する日本の品種を調べると、どれも遺伝子タイプが似ています。つまり、栄西などさまざまな修行僧が何度となく日本に持ち込んだチャの種は、中国の限られた地域に生息していたものであった可能性が高いということです。そして、その種が、最澄、空海、栄西等の偉人の威光を受けて各地に広がっていったのではないかと推察できます。現在の遺伝子工学技術ではわかるのはここまでで、これ以上はまだ踏み込めていません。

「自生説」を証明するために

ただし、渡来説が確定したわけではなく、私自身は、研究者として自生説の可能性も信じています。日本でこれだけ広まって、それがいまや世界中でも飲用されるようになった日本チャのルーツとなる樹が、古来から日本で自生していたとすれば、夢のある話ではないでしょうか。何とかこれを証明したいと思い、長年にわたって研究を続けてきました。これを科学的に実証するために、ゴールデントライアングルの地域を再訪し続けているところもあるのです。

自生説を証明するための研究としては、基本的には、中国雲南省の樹齢1000年以上の茶樹を中心に訪ね歩き、遺伝子を調べています。古い茶樹の葉を採集してきて、そのDNAを解析するのです。

遺伝子解析をするために大量のサンプルは必要なく、原木の茶葉が1枚あれば解析可能なところは研究を進めるうえでの利点です。押し葉にして現地から持ち帰ると、それを粉砕して、抽出したDNAを含む溶液を分析器にかけ、解析します。抽出などの処理は手間がかかりますが、リアルタイムPCR（Polymerase Chain Reaction：ごく微量のDNAサンプルから特定のDNA断片を短時間に大量に増幅できる方法）で増幅させ、シークエンサーにかけて、遺伝子配列を判定します。

残った組織はディープフリーザーに入れ、マイナス80℃で保存しておけば、いつでも活用することが可能です。

樹齢1000年以上の原木の葉を調達してくるたびに、共同研究者と共にこの解析を繰り返しています。これによって、最終的に「日本に現存する茶樹の遺伝子が、中国にある茶樹とは異なる」と証明できれば、「もともと日本に茶樹が自生し、存在していた」ということを裏付けることができます。

しかしながら、中国雲南省にある樹齢1000年以上といわれる茶樹は、先にもお話しした通り、「少なく見積もって60本」。実際に私がこれらの原木から遺伝子を調べることができたのは、まだわずか数本です。これらの原木の大半は、簡単に近づけないような奥地で生育され、現地の少数民族によって守られているため、訪問するのは現在でも至難の業で、多くの時間と労力、そして費用を要するのです。

茶の研究者にとって、「自生説」の解明は永遠の大きなテーマであり、ロマンでもあるため、できればすべての原木の解析をおこないたいと考えています。しかし、こうした茶葉の遺伝子調査には、研究費がつくこともなく、企業と共同研究がおこなえるものでもないため、否が応でも亀の歩みにならざるを得ません。

そして、茶葉の遺伝子調査だけでなく、現地の人々が口にしている食事の材料や調理法を知ることは、現代日本の食生活や、日本人の健康と急激に延びた平均寿命を探る上でも、重要な鍵になると考えています。

お茶のルーツを知るとともに、遺伝子解析をデータベースとして蓄積していくことは、今後のさまざまな遺伝子研究においても役立つはずです。

すでに30年の歳月をかけて継続していることですが、「行く道は果てしなく遠い……」と痛感しています。

2-4 日本での緑茶の歴史

商用のチャ生産の北限は、新潟と茨城

南北に細長い日本では、南は種子島から北は秋田県能代までチャが栽培されています。チャは、本来「南方の嘉木」といわれる作物で、年平均気温は12・５〜13℃以上、排水性、通気性がよく保水性も兼ね備えたpH４〜５程度（一般的な作物がよく育つpH６〜８より低い）の酸性土壌が適しているといわれています。そのため、静岡、狭山以北の地は気候的にもチャにとって厳しい環境となるため、商用としてのチャの栽培は、採算性から茨城県、新潟県以南でおこなわれているのです。

その一方で、日本海側は積雪が多く、茶樹が雪で覆われると寒風、低温から保護できるという利点があり、秋田県能代市の檜山茶は1〜1・5mにもなる積雪とうまく共存して栽培されてきた歴史があります。こうした寒冷地の茶樹は、小ぶりの葉で小株であるのが特徴なのに対し、温暖な地域の茶樹は、中葉で株もやや大きめ。在来種も環境に即して生態型が分化していったことがわかります。

日本でどう広まっていったか

お茶の産地として知られるのは、鹿児島、宇治、静岡、狭山などですが、こうした地域にお茶はどのように伝わり、広がっていったのでしょうか（図2-5）。まずは、渡来説として、高僧等が中国から日本へもたらしたとされるチャの種が、その後、どのような変遷を辿ったのか見ていきたいと思います。

平安時代前期（806年）、空海が唐から持ち帰ったといわれるチャの種は、奈良県宇陀《うだ》の佛隆寺あたりの地に蒔かれ、これを栽培して作ったお茶が「大和茶《やまとちゃ》」といわれています。朝晩の気温差が激しい宇陀の地が茶栽培に向き、渋みの中に甘さがあり、後味のよい大和茶ならではの味

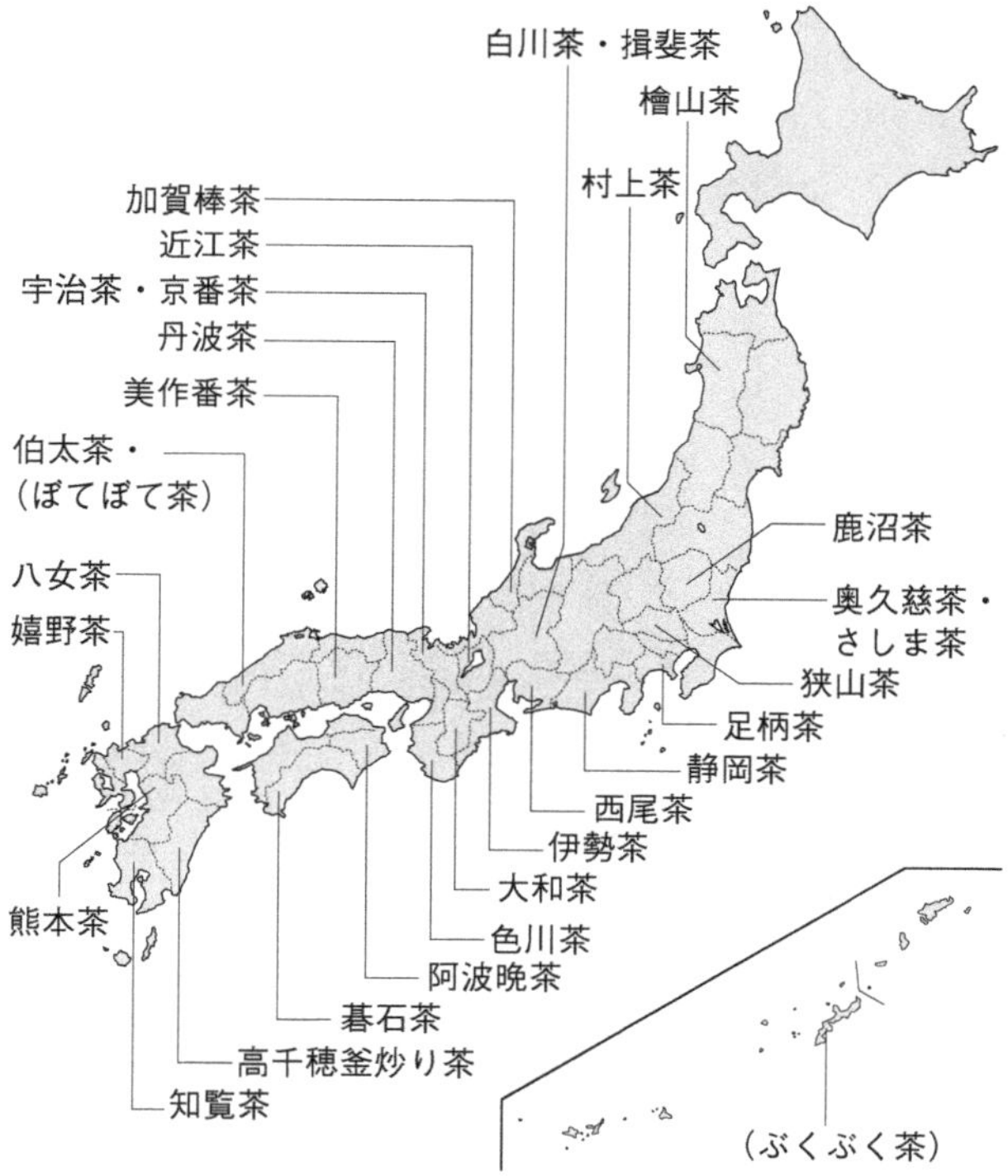

図2-5　**日本のお茶の産地**

わいが生まれました。その後これが京都に伝わり、全国に広まったといわれています。

1191年、臨済宗の祖である栄西禅師が日本へ持ち帰ったチャの種は、佐賀県脊振山《せふりさん》と栄西が初めて建立した福岡の聖福寺に蒔かれ、京都・栂尾《とがのお》高山寺の明恵《みょうえ》上人にも送ったと伝えられています。

佐賀県脊振山の山麓にある霊仙寺《りょうせんじ》跡には、現在でも栄西が栽培したという茶畑が残り、周辺の茶畑とともに作られているのが「栄西茶」です。標高300mの吉野ヶ里町東脊振地区は茶の栽培に恵まれた環境で、新緑の時期になると朝霧に包まれ、宋から明代に伝わった釜炒り手揉み製法で製茶されます。

また、栄西からチャの種を送られた京都の明恵は高山寺の周辺に蒔き、その後、宇治、仁和寺、醍醐などにも播植したとされています。つまり、これが宇治茶の始まりです。

宇治の萬福寺の総門には明恵の歌碑があり、「栂山の尾上の茶の木分け植ゑて　あとぞ生ふべし駒の足影」と、上人が馬（駒）に乗り、馬の足跡（足影）になぞってチャの種を植えることを教えた様子が読まれた句が刻まれています。

栂尾では、後嵯峨天皇が宇治を訪れた際に茶園が開かれたのを機に本格的な茶の栽培が始まりました。南北朝から室町時代には、栂尾で生産された茶が「本茶」、それに続く宇治や醍醐等の茶は「非茶」と呼称されていたと史書に残っています。大和茶同様、のちにこれらの株が全国に広まったといわれています。

静岡がお茶の名産地になった理由

では、現在、日本を代表するいくつかのお茶から、茶の広がりと歴史を追ってみましょう。

現在、都道府県別での生産量がもっとも多いのが静岡県です。日本三大茶のひとつである静岡茶は、京都・東福寺の開山となった名僧・聖一国師（１２０２〜１２８０年）が、生まれ故郷の安倍郡大川村栃沢（現・静岡市栃沢）からほど近い足久保の里にチャを植えたのが始まりといわれています。

茶栽培が本格的に広まったのは江戸時代に入ってから。水はけもよく、酸性土壌がチャの栽培に向いているだろうと、徳川家康が失職した武士を送り込み、畑を開耕したとも伝えられています。実際、県内には、牧之原、磐田原など日照のよい台地が多く、太平洋からの地形性上昇気流や大井川、天竜川から発生する霧が、おいしいお茶の生育に適していました。

また、１８９９年に清水港が国際貿易港として開港し、茶貿易が盛んになったことも、静岡全体の茶の生産量を高めることにつながりました。

静岡市の茶町周辺には、輸出用の茶の再製工場（荒茶から製品までの仕上げをおこなう）が次々と建設され、日本平周辺は茶畑として開拓、港町には輸出用の茶袋、茶箱、茶缶などを作る業者や、製茶機械メーカーが誘致されていったのです。

現在、静岡には前出の牧之原や磐田原のほか、富士・沼津、清水、本山《ほんやま》、川根、愛鷹山《あしたかやま》、小笠山山麓など20を超える良質なお茶の産地があり、全国1位のシェアを誇ります。

また、現在の茶の主力種である「やぶきた」を在来種の中から発見したのが、静岡県安倍郡有度村（現静岡市）の篤農家（杉山彦三郎）で、静岡県立美術館近くには原木が移植され現存しています。全国にある「やぶきた」はこの1本から株分けされていったのです。

宇治茶のはじまり

日本茶の代名詞ともなっている宇治茶が生まれた京都は、玉露、碾茶、煎茶の産地として有名です。

茶の栽培は、すでにお話しした通り、鎌倉時代、栄西から明恵によって宇治に播植されたのが始まりといわれています。宇治川の川霧が立ち、冷涼で霜の少ない宇治は、茶の栽培に最適な気候風土を備えていました。玉露の被覆栽培も始まり、お茶の味を良くするために試行錯誤されていきました。

室町時代には喫茶の文化が広まり、宇治茶は高級贈答品として献上されていました。足利尊氏は「茶は贅沢品」として倹約を説き、茶寄り合いを禁じていましたが、足利義満の時代には宇治茶が優れていることを認め、「宇治七名園」という茶園を自ら作って茶の栽培を奨励したため、宇治地方は茶の名産地としての知名度を大きく上げることになります。

江戸時代には、宇治田原の永谷宗円が、それまでの釜炒り茶から、蒸して手揉みをする現在の製茶法へと転換する「青製煎茶製法」を発案し、茶師の間に広がっていきました。みなさんが飲んでいる煎茶は、こうして宇治から生まれたわけです。

「味の狭山茶」のひみつ

「色は静岡、香りは宇治よ、味は狭山でとどめさす」とうたわれる日本三大茶の3つ目が、埼玉県の狭山茶です。

その始まりは鎌倉時代といわれていますが、詳しい資料は残っていないようです。しかし、南北朝時代の初級教科書であった『異制庭訓往来《いせいていきんおうらい》』に、天下に指していう所の茶産地の一つとして「武蔵河越《むさしのかわごえ》」という記述が出てきます。江戸中期におこなわれた武蔵野の新田開発によって茶の栽培が普及し、生産地も武蔵国の狭山丘陵一帯で開拓されましたが、現在は入間市が中心となっています。狭山丘陵一帯が川越藩の領地だったことから、江戸時代は「河越茶」と呼称されていました。

商業用の茶栽培がおこなわれている地域としては北に位置し、生葉の収穫は年2回、二番茶までとされています。他地域よりも生産量が少ないのはそのためです。

栽培されている品種は「やぶきた」と「さやまかおり」が中心で、近年は「おくはるか」も導入されました。冬は霜が降りる日もある寒い気候によって、厚みのある茶葉が育まれます。

茶葉を蒸して焙炉《ほいろ》に和紙を敷き、揉み乾かすという手揉み茶の製法と、「狭山火入れ」と呼ばれる伝統の火入れが色、香り、味のすべてに重厚さを生み出し、少ない茶葉でも「よく味が出る」といわれる茶ができあがります。火入れによる濃厚な甘みも狭山茶ならではの味わいです。

新しいお茶の名産地、鹿児島

もうひとつ、お茶の一大産地として知られる鹿児島県についても触れておきましょう。シラス台地が広がるなだらかな地形を活かし、機械化が進む地域で、お茶の生産量は第2位を誇ります。始まりには諸説あり、８００年ほど前に金峰町阿多・白川に平家の落人が栽培を始めた、室町時代に吉松町の般若寺で宇治からチャの種を取り寄せて蒔いた、などが伝えられています。

図2-6　**日本の茶畑**

茶葉を摘みやすいように、カマボコ形に造成されている。

文政年間（１８１８～１８３０年）に薩摩藩によって茶栽培は奨励されていましたが、本格的に生産を伸ばしたのは、第二次大戦後のことでした。

１９７５年頃から本格的な増産が始まったものの、当時は鹿児島茶に知名度がなく、ブレンド用が主流だったことから、１９８５年からは「かごしま茶」のブランド化にも力を入れ始めました。最近では、その収穫量と質の高さから「静岡・宇治・狭山」の日本三大茶に迫る勢いをみせています。

鹿児島は、年間を通して温暖な気候で日照量が多いため、年に5回収穫でき、簡易被覆をした栽培もおこなわれています。品種改良も進み、一般的な「やぶきた」のほか、香りの強い「ゆたかみどり」や、色の良い「あさつゆ」など、多品種がブレンド用のお茶として栽培されているのも特徴です。

また、桜島の火山灰対策として洗浄・脱水装置が開発されて用いられているのもこの地ならではでしょう。ほかの産地よりも20日ほど早く出荷される「走り新茶」でも知られ、とくに3月後半から収穫できる種子島産の「大走り新茶」は、もっとも早い新茶として人気があります。

いずれの産地も、茶畑はカマボコ形に造成されています（図2-6）。5月初旬の一番茶の時期は、新芽の美しい風景となり、地域によって多少の変動はありますが、一般的に二番茶（6月中旬）、三番茶（7月下旬）、秋冬番茶（9月以降）などの摘採時期を通して茶園は整枝され、新芽ではなくても形状は整然としているのが日本の茶園です。

2-5 紅茶の歴史

ヨーロッパで誕生し、世界中に広まった

世界でもっとも多く愛飲されているお茶は「紅茶」です。お茶全体の生産量の約70%を占め、世界の40ほどの国々で生産されています。

すでにお話ししたとおり、お茶のルーツは中国にあり、１６００年頃、中国から茶を持ち帰ったオランダ人によって、初めてヨーロッパへお茶がもたらされました。その後、オランダ東インド会社が中国茶の輸入を開始し、欧州各地へお茶が広がっていきました。

喫茶の文化は、ポルトガルの王女キャサリン妃が１６６２年、イギリスのチャールズ２世のもとに嫁ぐ際、中国茶と茶道具、貴重だった砂糖を大量に持参したのがきっかけといわれています。宮廷内の茶会で砂糖入りのお茶をふるまったことで、お茶に砂糖を入れて飲む習慣は、英国貴族の間にまたたく間に浸透したのです。

しかし、当時はオランダが東洋貿易で独占的な立場にあり、イギリスはオランダから紅茶を輸入しなければならず、急速にお茶の需要が高まる中で１６７２年に第三次英蘭戦争が勃発します。そしてイギリスは、１６８９年、お茶を中国から直接輸入する権利を得ます。この頃は緑茶

が大半でしたが、その一部には半発酵茶の青茶も含まれ、その黒い茶葉の色から「ブラックティー」と呼ばれていました。

のちにこれが完全発酵の紅茶になったといわれています。紅茶の誕生には諸説あり、「中国から茶を運ぶ際、ウーロン茶が発酵して紅茶になった」と聞いたことがある方もいるのではないでしょうか。

ヨーロッパの水の多くは硬水のため、非発酵茶の緑茶よりも、風味や香りを抽出しやすい紅茶のほうが適していて好まれるようになっていきました。18世紀に入ると、お茶とともに軽食、音楽、ダンス、芝居などを楽しむティーガーデンができ、市民の間にも喫茶文化が浸透していきます。

それとともに、かつては高価だった砂糖やティーセットも大量生産され、庶民にも手が届く品となりました。当初は緑茶のほうが多かったお茶の消費も、この頃には、発酵茶（おもに紅茶）7：緑茶3と逆転し、紅茶を飲むことは生活習慣として定着したのです。

その後、19世紀に入ると、紅茶の栽培事情が一変する出来事が起きました。それまで茶樹は中国にしかないと思われていたのが、１８２３年、インドのアッサム地方でイギリスのブルース大佐が自生する茶樹（アッサム種）を発見したのです。

イギリスは中国の茶師を派遣して茶の栽培から製造までをおこなわせ、１８３９年、アッサムティーが誕生します。当時、インドはイギリスの支配下にあったことから、イギリスはアッサム地方だけでなく、ダージリン、ニルギリ、セイロン島なども開拓して大規模な茶園を作り、本格的なプランテーションへと舵を切ります。紅茶の大量生産に成功したことで、イギリスの紅茶文化はますます発展するのです。その後、ケニアなどの東アフリカでも栽培され始め、世界各地で紅茶が飲まれるようになっていきます。

また、英国貴族の社交界では、１８４０年頃からアンナ・マリア・ベッドフォード公爵夫人が始めたアフタヌーン・ティーが人気を呼びます。食事を兼ねた喫茶習慣として大衆化していき、アフタヌーン・ティーも世界各地で楽しまれるようになりました。

日本に紅茶を初めて輸入したメーカー

日本へ紅茶が入ってきたのは、１８８７（明治20）年。その後、１９０６（明治39）年に明治屋が、イギリスからリプトン社のイエローラベル（黄缶）を輸入しました。

それまで日本では緑茶が主流でしたが、１９２７年、三井農林（現・日東紅茶）が国産紅茶を販売したことで、日本でも一般家庭に紅茶や喫茶文化が徐々に浸透していきます。戦後、しばらくは輸入が途絶えますが、１９７１年に紅茶の輸入が自由化されたことで、ティーバッグやさまざまな缶入りの紅茶が入ってきました。それまでも国内で紅茶は多少生産されていたのですが、輸入自由化により、国産紅茶の生産は一旦、終焉を迎えました。

１９８０年代後半からペットボトル飲料としての販売も始まり、紅茶は日本人にも身近なものになっていきました。近年のカフェブームで世界各地の紅茶に改めて関心が高まり、カフェや自宅、会社などでもＴＰＯに応じて紅茶を楽しむ人が増えています。

2-6 ウーロン茶の歴史

なぜ「ウーロン」と呼ばれるようになったか

ウーロン茶は、中国茶の「青茶」と呼ばれる半発酵茶です。その発酵（付加）度はウーロン茶の製法によって異なり、緑茶に近い軽発酵茶（発酵度 約15％）から紅茶に近いもの（約70％）まで幅広くあります。

一般的には、ウーロン茶が誕生したのは16世紀の明代、古くから良質な茶樹の産地として知られる中国南部の福建省武夷山が発祥地と考えられています。しかし定かではなく、一説では、現在のウーロン茶は、広東省東部・潮州《ちょうしゅう》市潮安《ちょうあん》県で製茶されている「石古坪《せっこへい》」や、鳳凰山周辺で生産される「鳳凰単欉《ほうおうたんそう》」が祖ともいわれています（松下智『茶の民族誌―製茶文化の源流』〈雄山閣出版〉より）。

ウーロン茶の製法がどのように生まれたのかも明らかにはされていないのですが、現代まで残る伝説では、「竹籠に揺られて運ばれていた茶葉が、太陽の光に晒されながら籠の揺れで擦れて酸化し、目的地に着く頃には偶然おいしい茶になっていた」とあり、それが青茶の製法の元となったといわれています。

書物の記録を見ると、明代の１５５４年、田芸衡《でんげいこう》が著した『煮泉小品《しゃせんしょうひん》』には、「日干（光）萎凋」（ウーロン茶の製造工程）の記述があり、すでにウーロン茶が製茶されていたことがわかります。

そもそもなぜ「ウーロン茶＝烏龍茶」と呼ばれるようになったのか、その呼称にも諸説あり、発祥地ともども論争は続いています。

広く言い伝えられているのは、以下の３つの説です。
①中国広東省で製茶された茶の水色が烏のように黒く、形状が龍のように曲がりくねっていたため「烏龍」と名付けられた
②清代半ばに福建省安渓出身の茶農「蘇龍《そりゅう》」が福建省建寧《けんねい》府に移植した茶樹が極めて優良の新種で、その後の功績などから、蘇龍の雅号「烏龍」を取って名付けた
③烏龍茶の「龍」は天子（皇帝）を指す文字で、当時、庶民は軽々しく「龍」の絵や文字を使用することができなかったため、皇帝へ献上するために作られ、烏龍茶と名付けた
じつのところはわかりませんが、たしかに中国では、現在でも生産地として知られる福建省と広東省の一部だけでしか飲用されていません。その最大の理由が、ウーロン茶が皇帝への献上茶として誕生したお茶で、庶民のために作られたものではなかったからだとすると、③の説を裏付けているようにもうかがえます。

70年代に日本に登場

産地として知られるのは、福建・広東地方と台湾です。台湾茶の歴史はウーロン茶から始まったもので、１８８１年にウーロン茶より発酵の浅い包種茶、１９０３年にウーロン茶の製造が開始されています。毛沢東の文化大革命により、茶の栽培規制がかかる中、台湾は治外法権的な関係であったことから独自に茶の生産を伸ばし、南投県鹿谷郷東部の「凍頂烏龍茶」、西北部の新竹県峨眉郷などで栽培される「東方美人」などの銘茶が生まれました。現在は、福建省に次ぐ生産量を誇ります。

近年では、台湾の茶師などが派遣され、ベトナムやタイの山岳地帯、インドのダージリン地方などでも生産されるようになっています。

日本へウーロン茶が入ってきたのは１９７０年代と、ごく最近のことです。伊藤園が日本人向けにアレンジしたウーロン茶は、「油っこい食事に最適で何杯でも飲める」と一大ブームを巻き起こし、１９７９年に発売後、年間輸入量が一気に跳ね上がります。

当時のウーロン茶は鍋で煮出して飲用するもので、粗悪品が出回ったことなどからウーロン茶人気は一時低迷しますが、１９８１年に緑茶よりも早く缶入りウーロン茶が開発され、１９９０

年代にはペットボトル飲料でも発売されるようになったことで、ウーロン茶熱は再び高まります。また、２００６年には「脂肪の吸収を抑える」という働きが特定保健用食品（トクホ）として認められた商品（黒烏龍茶）がサントリーから登場し、その後、メーカー各社からもトクホの付いたさまざまな茶飲料が発売されたことで、ウーロン茶は健康を気にする人が手軽に飲めるお茶としても認知されました。最近では、日本国内でもさまざまな銘柄のリーフも購入できるようになり、発酵度の異なる風味を家庭で楽しむ人も増えています。

CHA

遺伝子研究を応用すると何ができる？

チャのルーツを知るための遺伝子解析をご紹介しましたが、これを用いれば、もっとさまざまなことに活用できます。

たとえば製茶の際に、さまざまな茶葉をブレンドする操作がおこなわれる紅茶の場合、使用される品種を明確にしておくことは、品質を保証する上で重要なことです。従来、チャの品種の識別は、形態的な特徴や茶の色素、カフェインなどの成分分析によっておこなわれてきました。

しかし、茶の製造過程において茶葉の形態は大きく変化し、化学成分も変わってしまうため、正確な識別は困難でした。そこで、形態的な特徴や化学成分の分析に頼らないＤＮＡ解析を用いることで茶葉を個別に品種で識別できるようになりつつあるのです。

緑茶では、先に紹介したように日本にはさまざまな茶の品種がありますが（38ページ、表１－１）、ＤＮＡ解析によってやぶきた、おくみどり、べにふうきなど主要な40品種以上の識別に成功しています。そのほか、緑茶については、国内産と国外産（中国、台湾、ベトナム、ミャンマー）でも識別が可能になりました。

一般に流通しているお茶が特定品種のみで作られているのか、ブレンド製品であるのか、またブレンドされている場合は、別の品種がどの程度混入されているのかを算出し、表示することは非常に重要です。品質の保証や、消費者が食品表示を見て購入する上でも、明らかにしておくべきだと思います。ブレンド品に関して異品種の混入割合が定量的に評価できる、新たな解析法の開発が待たれるところです。

また、新しい品種の開発にも遺伝子研究は欠かせなくなってくると思います。品種の開発は交配による選抜法が主ですが、近年は海外で遺伝子組み換え技術を応用して品種改良がおこなわれるため、より早く、その目的に応じた成果が期待できるようになっています。

これまでは茶の育種研究者が、一生涯をかけて交配実験を反復し、結果としてようやく一品種を固定できるというほど、気の遠くなるような時間をかけて生み出すのが新しい品種開発の常でしたので、まさに隔世の感ありです。

たとえば遺伝子組み換え技術を使って、日本の栽培チャの8割を占める品種の「やぶきた」に、抗アレルギー作用が注目されている品種である「べにふうき」の遺伝子を組み換えて、寒冷地でも育ち、より高い抗アレルギー作用を持つお茶を開発するというのも夢ではありません。

ただし、現在、日本では遺伝子組み換えによる食用の新種開発は認められていないため、品種改良しかおこなうことができないので、これは将来的な可能性としてのお話です。

第3章

茶葉がお茶になるまで

色や風味はいつ
どうやって作られるのか

緑茶のうま味、紅茶らしい真紅の水色、ウーロン茶の高貴な香り……それぞれのお茶の特徴は、製造過程で茶葉の中に起こる化学変化がカギとなります。その工程をご紹介しましょう。

3-1

緑茶ができるまで

茶摘みは楽しく優雅なもの？

「♪夏も近づく八十八夜～」と唱歌『茶摘み』にも歌われている「八十八夜」とは、新茶の収穫時期のこと。立春から数えて88日目、つまり5月2日頃を指します。ちょうど茶の新芽の周りに5枚ほどの新しい葉が芽吹く、一芯五葉の新芽が伸びてくる頃です（図3‐1）。

ちなみに、茶園でチャの花（図3‐2）が咲いているところはほとんど見かけません。茶園では、栄養分をできるだけ茶葉にいきわたらせるために、花は咲く前に摘み取るのが通常。チャの花は、摘み取られなければ10月から咲きはじめます。花が咲くということは、次の代の種になる遺伝子分裂が起きていることを意味し、品種の乱れにつながる可能性もあるのです。

新緑の茶畑に話を戻しましょう。見渡す限り一面緑の茶畑が続き、春爽やかな風の下でのお茶摘みとは、きっと楽しく優雅なもの——思わず歌を口ずさみたくなるような光景をイメージしますが、実際はなかなか大変な重労働です。

この時期、一般開放している茶園では、ビジターで5〜10分程度のお茶摘み体験ができるとこ

図3-1　収穫を待つ5月の茶畑
静岡県の茶園にて。まもなく一番茶が摘まれ、新茶となる。
（筆者撮影）

図3-2　チャの樹の花
花びらは白く小ぶりだが、チャはツバキ科に属するため、椿の花と似ている。
（筆者撮影）

ろもあります。若くてやわらかい新葉が2枚から3枚ついた状態、つまり一芯二葉または一芯三葉で（32ページ、図1-5参照）、樹の下から上へと摘み取っていきます。茶葉をお茶にする簡単な方法は、摘んだばかりの茶葉を1分ほど電子レンジでチンして、軽く手で揉みほぐすことを数回繰り返します。そして最後に乾燥させると、緑茶ができあがります。

できたてほやほやの新茶を急須で淹れて、さっそく飲んでみると、爽やかな緑の香りが口から鼻の奥にふわっと広がります。「自分で作ったお茶だ……」と感激もひとしお。日本茶作りの一片を感じることができるでしょう。

私は二～三番茶を摘める7～8月になると、10名ほどの学生を引率して静岡へ茶作りの実習に出かけます。1人1kgを手で摘むことを目標と伝えて、いざ茶摘みを開始すると、はじめのうちは初めての体験に会話も弾み、学生達は意気揚々。しかし、30分もしないうちに次第に静かになり、黙々と新芽を摘むようになります。

そのうち聞こえ出すのは、「のどが渇いた」「アイスが欲しい」などの要求ばかり。「1時間過ぎたから、摘んだ茶葉を量ってみよう」と言い出す始末です。計量してみると、まだ合計でわずか1kgちょっと。この10倍か……と先の長い作業に肩を落とした学生は、すでに疲労困憊ぎみです。そんなときはアイスクリームで涼を取り、一息入れて再び気合いを入れ直します。

ところで、目標の茶葉10kgから一体どれくらい緑茶ができると思いますか？　さまざまな工程を経て茶葉の水分を4％まで蒸発させるとおよそ2kgになります。

「あんなに頑張ったのにこれだけ⁉」丸一日手摘みをしてヘトヘトになった学生たちは、イメージと現実のギャップを体験し、レポートをまとめるのです。

このように、出荷ベースで考えれば手摘み作業は非効率的で、朝から晩まで摘んだとしても、実際にお茶になったときの量たるやわずかなものです。そのため、近年では機械を導入する農家が増え、茶の収穫は機械摘みが主流となっています。

では、摘みたての新芽がどのようにお茶になるのか、その工程を見ていきましょう。なお、各工程やそれにかかる時間は場所によって違いがあるため、あくまで目安です。

緑茶の作り方　～機械製造の場合

作業期間　1～2日

①摘む（摘採）↓②蒸す・煮る（蒸熱）↓③揉む（粗揉《そじゅう》・揉捻《じゅうねん》・中揉《ちゅうじゅう》・精揉《せいじゅう》）↓④乾かす（乾燥）↓⑤荒茶を製品化（再製工程）

①摘む（摘採）

新芽を機械で一気に刈り取る。

収穫後の生葉は、傷をつけて酸化させないように注意して工場へ運ぶ。

②蒸す（蒸熱）

摘んだ茶葉はできるだけ早く熱い蒸気の中へ入れて蒸し、茶葉をやわらかくする。蒸気熱によって酵素の働きを失活させることが目的で、時間は煎茶で30〜90秒、深蒸し茶で90〜150秒ほど。これにより緑茶の緑色はそのまま残る。これが緑茶特有の工程（殺《さっ》青《せい》）。その後、熱々の茶葉を一気に冷却して粗熱をとる。

③揉む（粗揉・揉捻・中揉・精揉）

熱々に蒸した茶葉に下から火を入れ、攪拌しながら揉んで水分を飛ばし（粗揉／40分）、さらに水分を揉み出して（揉捻／5〜10分）、熱風を当てて回転させながら、葉を細く丸めて揉み（中揉／15〜20分）、さらに揉みながら形を針状に整える（精揉／40〜45分）。含水量は粗揉で50〜55％、精揉で10〜13％に。この工程は、手揉み、機械どちらでも時間を要す。

④乾かす（乾燥）

茶葉同士がくっつかないように熱風を当て、水分含有量が3〜4％になるまで形を揃えながら乾燥させる。茶葉を砕くわけではなく、見た目を揃えることが目的。煎茶などの上級茶は細く針のように仕上げられる。所要時間は20〜30分。

⑤荒茶を製品化（再製工程）

①〜④を経て酸化を止めた状態の茶葉を「荒茶《あらちゃ》」、荒茶を製品化するまでの工程を「再製工程」という。秋まで保存しておくとき（蔵出し茶など）は荒茶の状態で寝かせる。荒茶をさらに乾燥させ、茎を除いて葉の大きさを揃え、もう一度乾燥させたら、つねに品質を一定にするために茶葉をブレンド（合組《ごうぐみ》という）して完成する。配合の割合を決めるのは、利き茶師（ブレンダー）の役割。

緑茶は、摘んだ茶葉の成分をできるだけ変化させないように丁寧に蒸して成形し、乾燥させて仕上げるお茶です。

非発酵茶である緑茶ならではの工程は、摘んだ生葉をすぐに加熱する②の「蒸す」工程です。茶葉に含まれる酵素の働きを止め、緑茶としての緑色を保持するのが目的で、これを「殺青」といいます。この加熱方法には、蒸気で蒸す方法と、釜で炒る方法があります。日本では一部、釜で炒る製法もおこなわれていますが、多くは蒸す方法がとられているため、作業工程の中では「蒸す」として記しました。釜で炒る方法は、中国茶で多く用いられています。

機械製造の機械の動きは、もともと手作業でおこなっていた人間の動きを模倣したもので、本来は、手揉み茶がお茶作りの基本です。手揉み茶は、随所に匠の技が繰り出され、針のように細長く美しいお茶ができあがります。

その形状や色合い、光沢は、芸術的でもあり、洗練された熟練技は無形文化財にも指定され、尊重されています。その際に使用する製茶用具の中には、有形民俗文化財に指定されているものもあります。その工程をご紹介しましょう（図3-3）。

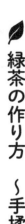

緑茶の作り方　～手揉みで作る場合

作業時間　4時間

①摘む（摘採）→②蒸す（蒸熱）→③露切り（葉振るい）→④揉む（回転揉み）→⑤ほぐす（玉解き）→⑥揉む（中揉み・仕上げ揉み）→⑦形成・つや出し（こくり）→⑧乾かす（乾燥）→⑨荒茶を製品化（再製工程）

①摘む（摘採）

手摘みの場合は、若くてやわらかい新芽を一芯二葉、もしくは一芯三葉でひとつずつ摘み

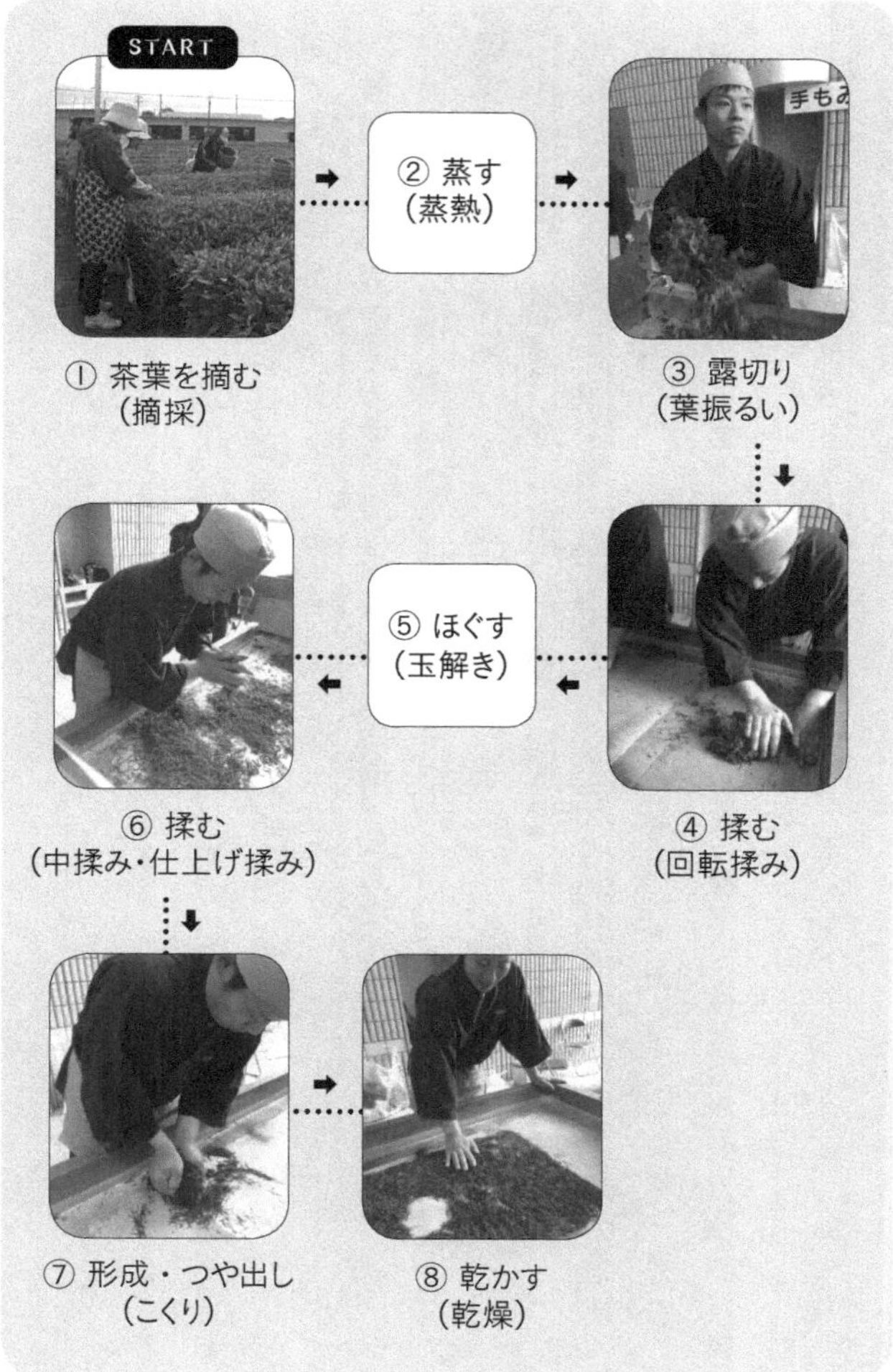

図 3-3　**緑茶の製造工程（手揉み茶の場合）**

取る。

片手で茶の枝を押さえ、きき手の親指とひとさし指で新芽をはさんだら、ひとさし指を曲げて葉の下でポキッと折り取るように摘む（「折り摘み」という）。爪で葉をちぎると、そこから酸化しやすいので、ひとさし指の腹を使うのがコツ。茶葉は樹の下から上に向かって、取り残しがないように摘んでいく。

②蒸す（蒸熱）

甑《こしき》（水蒸気が発生する蒸し器）を使って短時間でむらなく蒸す。青臭いにおいが消えたら、葉を取り出してうちわで冷やす。蒸し時間は35～45秒。

③露切り（葉振るい）

揉みやすくするために蒸し上がった茶葉を振るって表面水分を取る作業。

焙炉（火を起こす箱状器具）に助炭《じょたん》（木枠に厚い和紙を張った専用器具）を載せ、和紙の上で茶葉を両手ですくっては落とし、葉の重量を3割程度減らす。時間は30～50分かかる。

④揉む（回転揉み）

茶葉を両手で左右に大きく転がす。体重をかけてゆっくり回転させる。徐々に力を強めておこなう。所要時間は40～50分。

⑤ほぐす（玉解き）

茶葉のかたまりを横揉みでほぐし（5分）、籠に広げて冷ます。

⑥揉む（中揉み・仕上げ揉み）

中揉みは、再び助炭の上で茶を揉み、撚《よ》れをつけるように手のひらですり合わせて乾かす操作。茶葉の色が黒緑色に変わり、表面の光沢や芳香が出てくる。時間は30～40分。

仕上げ揉みは、茶の形を整え、香りをよくする操作。茶葉を両手で挟み、こすり合わせて針のように細長く伸ばす。茶が手からすべり落ちるようになるのが目安。所要時間は20～40分。

⑦形成・つや出し（こくり）

茶の形状を整えて、茶葉に光沢を出す。所要時間は30分。

⑧乾かす（乾燥）

助炭の上に茶葉をうすく広げ、60～70℃くらいの温度で乾かす。所要時間は50～60分。最終的に茶葉の含有水分を4％くらいにする。

機械製造のお茶と手揉み茶の違いは、一目でわかる茶葉の形状です（図3‐4）。艶やかで美しい針状の手揉み茶は、お湯を注ぐと、ひとつひとつの茶葉が綺麗な1枚の葉に戻ります。つまり、手揉み茶は、生葉の原形を留めた状態で製茶されているのです。

図3-4　手揉みと機械で作った茶葉の違い

左が手揉み、右が機械製造。その差は一目瞭然。手揉み茶は細い針状で美しい茶葉に仕上がる。
（撮影／横田貴弘）

しかし現在、手揉み茶が作られているのはごくわずかで、品評会などの時期を除き、市場に出回ることは少なくなっています。丁寧な手仕事から生まれる手揉み茶は、手揉みならではの深い香りと味わいが人気です。

また、こうした熟練の技術とともに、おいしい緑茶を作るために重要になるのが、生葉の管理です。生葉は傷がつくと、その部位からカテキンが酸化されて、茶の風味や水色の色合いを損ねます。

鮮度もポイントで、水分を失った生葉は成分が低下し、やはりできあがりの味を変えてしまいます。

生葉の保存は通常1〜5時間以内に留め、摘んだらすぐに製造に入るのが望ましいとされています。できるだけ保管時間を短くすることも、おいしいお茶作りの鉄則です。

3-2 紅茶ができるまで

紅茶の作り方

発酵茶である紅茶の作り方は、葉を萎れさせて水分を蒸散させる「萎凋」と、「発酵」が緑茶とは大きく異なるところです。発酵操作を経て、乾燥したものが紅茶ということになります。「発酵」と呼んでいますが、第1章でお話ししたとおり、厳密にいえば、微生物が何ら関与しないため、発酵には当たりません。

産地によって作り方に微妙な違いはありますが、スタンダードな製造工程である「オーソドックス製法」は、次のようになります（図3‐5）。

作業期間　2日

①摘む（摘採）→②萎れさせる（萎凋）→③揉む（揉捻）→④ほぐす（玉解き）・ふるい分け→⑤発酵（付加）→⑥乾かす（乾燥）→⑦荒茶を製品化（再製工程）

①摘む（摘採）

紅茶の生葉は機械で一気に刈るのではなく、その多くが手摘みでおこなわれている。緑茶と同様、若くてやわらかい新芽を一芯二葉もしくは一芯三葉で摘み取る。

②萎れさせる（萎凋）

摘んだ生葉を約一晩（15〜20時間）放置して萎れさせる（萎凋という）。茶葉は静かに放置、または多少動かされるだけで、葉の組織はそのままの状態で残される。生葉に含まれる水分の30〜40％が蒸発する。茶葉を握ると指の跡が残る程度で、リンゴのようなフルーティーな香りがするようになるのが目安。

水分蒸散とともに茶葉の温度が少し上がって起きる化学変化（化学的萎凋という）が紅茶の香りを左右する、真に要となる操作。

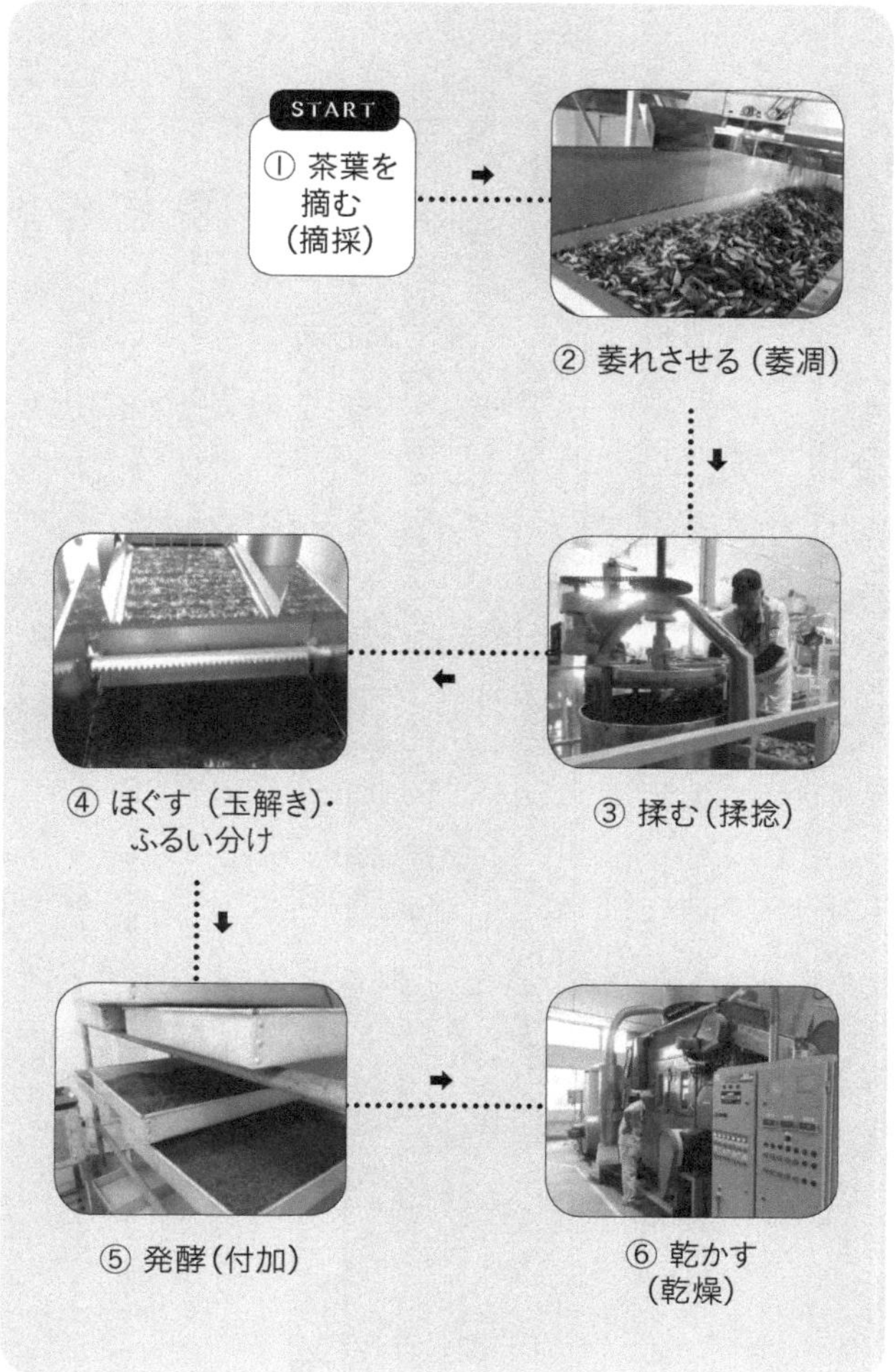

図3-5　**紅茶の製造工程**

③揉む（揉捻）

ぐるぐる回る機械の中で押さえ、蓋で茶葉を強く圧迫しながら揉む従来型の「オーソドックス製法」と、ぐるぐる回る機械の中で茶葉をカッティングしながら丸めて揉む「CTC（Crush Tear Curl）製法」、機械で茶葉を圧縮しながら細かくしていく「ローターバン製法」がある。

かたまりになる茶葉をほぐして空気に触れさせ、一度温度を下げて再び揉むことを繰り返す。所要時間は45〜90分。揉むことで茶葉は形が壊れ、酸素によって酸化酵素が活性化して紅茶らしい色や香りの変化が起こる。

④ほぐす（玉解き）・ふるい分け

かたまりになった茶葉をほぐし、大きさ別に機械でふるい分ける。

⑤発酵（付加）

室温26℃ほど、湿度90％ほどの発酵室に茶葉を広げ、1〜3時間放置する。茶葉はさらに赤銅色に変化し、紅茶らしい香りが立ち始める。発酵度合いは、色や香りで判断される。

⑥乾かす（乾燥）

乾燥機に入れて高温熱風で乾燥させる。茶葉の温度は70〜80℃が適切だが、風量によってはその温度に到達するまでに時間がかかり、さまざまな反応が進行することになる。

発酵に加えて加熱乾燥によっても、アミノカルボニル反応（アミノ酸と糖が反応して褐変化する反応）、ストレッカー分解（アミノ酸と糖の反応する際に香気成分が増え、香りなどが出る反応）が生じ、香り高い茶となる。所要時間は40～60分。

⑦荒茶を製品化（再製工程）

茶葉を広げて放熱させる。その後、緑茶と同様に、常に品質を一定にするために合組をおこなう。30種類くらいブレンドされることが多い。

紅茶の「良い香り」を出すメカニズム

この製造工程の中で、もっとも大きく変化するのは、②萎凋と③揉捻です。萎凋には「物理的萎凋」と「化学的萎凋」の2つの反応があります。物理的萎凋は、水分がただ蒸散する反応、つまり葉を萎れさせることです。化学的萎凋は、香りの決定に関わる化学反応をいいます。

紅茶の製造でもっとも重要なのが「香気」で、この萎凋操作がフレーバー生成に密接に関わっているといわれています。つまり、物理的萎凋である水分蒸散とともに、多少温度が加わって進行する化学反応（化学的萎凋）は、紅茶の香気発生にとってもっとも重要な操作となるのです。

化学的萎凋では、茶葉に含まれている配糖体（糖とテルペンが結合したもの）に湿度が少し加わることで、糖と香気成分のテルペンに分かれます。結果として、香り高い紅茶になるのです。この香りが出るメカニズムはウーロン茶の製造工程でも同様に起こります。

雨天に茶葉を摘むと、生葉の水分含量が多くて萎凋がうまく進行せず、質は著しく低下します。萎凋の室温や操作時間、そのときの天候などができあがる紅茶の品質に影響を与えるため、フレーバーが強い、香り高い紅茶の製造にはとくに注意が必要で、まさに要となる操作です。

このときの生葉は、摘み取られて茎からの水分補給が絶たれた状態であることから、細胞内は酸欠状態にあると考えられます。摘採前の茶葉は、茶樹の根からの水と太陽の光をもとに光合成がおこなわれ、茶葉では各種成分が蓄積されています。しかし、萎凋されている間にこのような反応は起こらないので、むしろ分解作用が強く働くことになります。

紅茶らしい色はどうやって生まれる？

また、製造工程⑤発酵（付加）も化学変化は大きいものの、ここでの反応の多くは、すでに摘採時にかなりのところまで進行しています。

揉捻時の茶葉は、圧力が加わる中で揉まれるため、茶葉は切断されたり撚られたりします。茶葉の組織は破壊され、茶葉中に含まれていたカテキン類と酸化酵素（ポリフェノールオキシダーゼ）が空気中の酸素を介して接触し、カテキンは酸化酵素の作用によってテアフラビンというオレンジ色の物質、さらに進行してテアルビジンという真紅の物質に変化します。つまり、緑色だった茶葉が紅茶らしい赤銅色に変わります。

なお、現在、世界で製造されている紅茶の80％はティーバッグで、茶葉を細かくするＣＴＣ製法（１１８ページ参照）が主流となっています。紅茶のティーバッグは、水色も良く、香り、味もしっかり出て、そして何より簡便なことからその利用が広まりました。

一般に、発酵時間を長くすると、水色は濃くなりますが香りは減り、発酵時間を短くすれば、香りのよいものができるとされています。発酵を長くしすぎると、カテキンの酸化が進行して色が黒ずんできます。また、配糖体から生成した香気成分のテルペンなども、この間に揮発してしまうので、色は黒ずみ、香りも減少してしまうのです。

水色も良く、香りも高い紅茶に仕上げるには、製造する時期や場所、時間帯、そのときの温度や湿度も密接に関係してきます。茶葉の品種だけでなく、繊細で緻密な環境設定が必要なのです。

質のよい紅茶かどうか、目で見てわかりやすいのが、白いティーカップで紅茶を淹れたときにカップの縁に沿うようにできる透明度のある金色の環です。「ゴールデンリング」と呼ばれ、タンニンやフラボン色素を多く含む上級茶であることを示すサインといわれています。

ただし、すべての紅茶に当てはまるわけではなく、発酵が長い紅茶は水色が黒ずんでいるため、淹れ方がよくてもゴールデンリングは現れません。

3-3 ウーロン茶ができるまで

ウーロン茶の作り方

第1章で触れたように、ウーロン茶は紅茶の発酵（付加）を途中で止めたお茶のため「半発酵茶」といわれます。しかし、その作り方は、紅茶の発酵を半分にしただけという単純なものではありません。まずは、その製造工程を見てみましょう（図３‐６）。

作業期間　２日

①摘む（摘採）↓②萎れさせる（日干萎凋）↓③発酵（室内萎凋・攪拌）↓④炒る（釜炒り）↓⑤揉む（揉捻）↓⑥締め揉み（団揉）↓⑦ほぐす（玉解き）↓⑧乾かす（乾燥）↓⑨荒茶を製品化（再製工程）

①摘む（摘採）

緑茶や紅茶と異なるのは、若い芽は苦みが強く出るため、比較的大きく開いた葉を選んで摘むこと。紅茶と同様、産地では手摘みが基本。

②萎れさせる（日干萎凋）

摘んだ生葉を太陽の光に当てて萎れさせる（「日干萎凋」という）。所要時間は20～40分。

③発酵（室内萎凋・攪拌）

日干萎凋が進むと生葉の温度が上がり、配糖体などの分解反応が進む。これを冷ますために、室内に移して広げる。１時間おきにドラムに入れて20～30分攪拌（揺青《ようせい》）することを繰り返すと、発酵も進んでくる。所要時間は10時間。ウーロン茶に特有の作業工程。

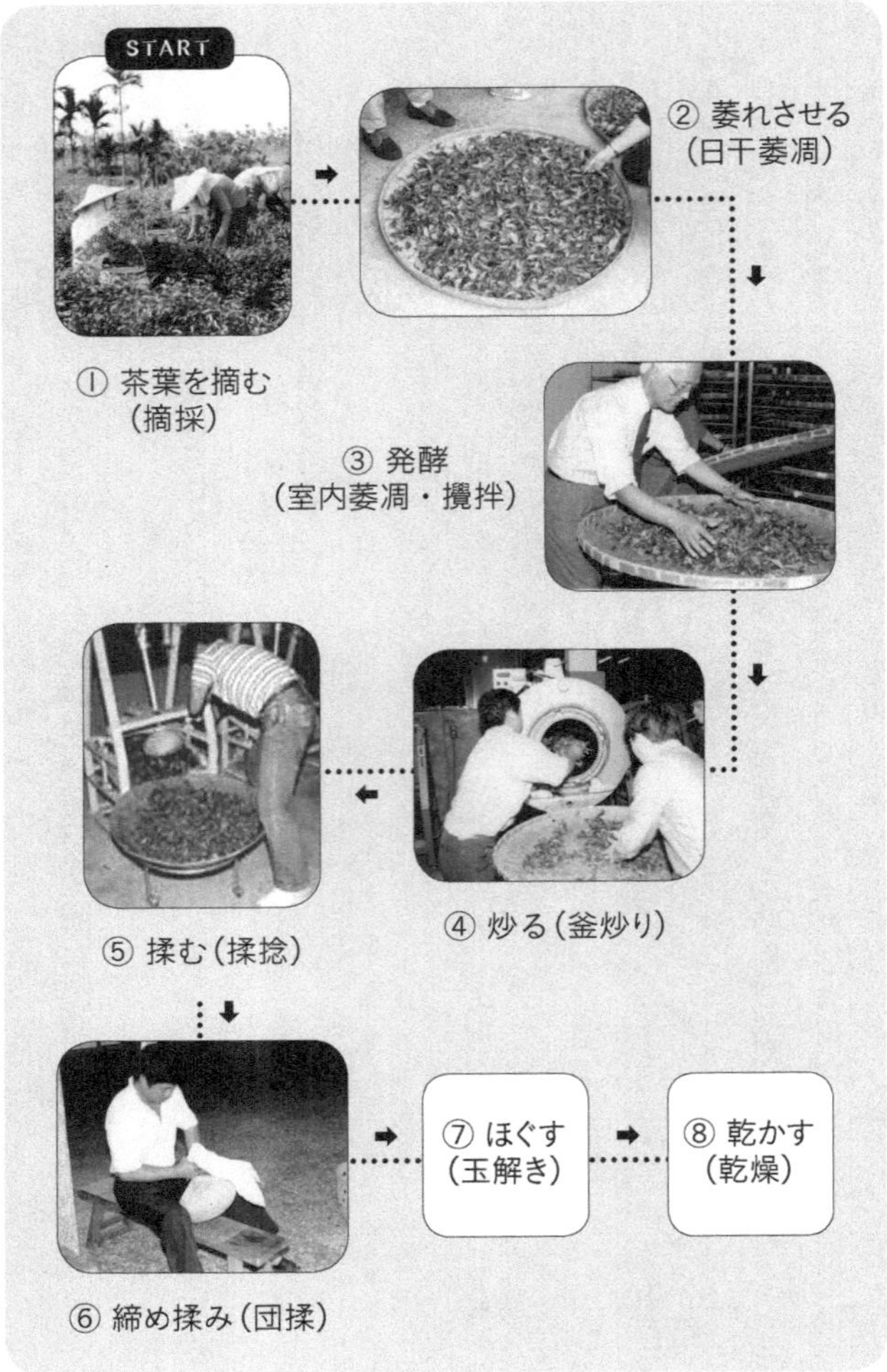

図 3-6　**ウーロン茶の製造工程**

④炒る（釜炒り）
茶葉に緑色が半分程度残った半発酵状態で釜炒りに移り、茶葉の中の酵素の働きを抑えることで発酵を止める。所要時間は8～15分。

⑤揉む（揉捻）
緑茶や紅茶と同様の揉捻機に入れ、上から圧を加えて揉み、茶葉の水分を均一化しながら、成分を出しやすくする。所要時間は5～10分。

⑥締め揉み（団揉）
布で茶葉を包み、転がすように絞って締めながら形を整える。

⑦ほぐす（玉解き）
かたまりになった茶葉をほぐす。ウーロン茶の種類によっては、④～⑦の工程が数回繰り返される。

⑧乾かす（乾燥）
乾燥させてさらに茶葉の水分を飛ばし、茶葉の形を整える。所要時間は60～80分。

⑨荒茶を製品化（再製工程）
できあがった荒茶は麻袋に入れて保存し、仕上げ工程をおこなう工場へ移す。荒茶から製品化までの工程は緑茶と同様。ウーロン茶も合組される。

ウーロン茶と紅茶の違いは「酸素」が決め手？

ウーロン茶特有の工程は、摘んだ生葉を天日干しにする②の「日干萎凋」です。時折攪拌しながら太陽の下に放置され、水分は8～16％ほど減少します。布団を天日干しにすると良いにおいになるように、天日での萎凋が香気成分を高めると考えられており、人工的に光を当てても、天日と同じような香気発生をしないことから、間違いなく何か化学反応が起きていると推測されます。

その後、茶葉を室内に移し、さらに萎凋を進めます。1～2時間冷ましてから茶葉を籠の中心に集めては散らす操作（揺青）を繰り返しおこなうため、ほとんど徹夜同然で作業が継続されます。

茶葉の色が変わり始め、緑色が半分程度残る状態で発酵を終えるのが「半発酵」で、火入れをすることで発酵を止めます。ここがウーロン茶の香気発現に非常に重要な工程で、日干萎凋、室内萎凋のやり方は各茶農家の秘伝ともなっています。ウーロン茶の中でも、とくに包種茶においては独特の風味を作り出すポイントなのです。

ウーロン茶の発酵（付加）は紅茶のように組織を大きく破壊することはないので、紅茶の発酵に較べると酸欠状態での発酵となります。そのために、紅茶特有の褐色の素となるテアフラビンなどは生成されず、色も紅茶ほど濃くはなりません。ウーロン茶と紅茶の違いは、発酵における酸素の量が大きく関わっているのです。

ウーロン茶作りの秘伝のワザ

ウーロン茶の香り、それはときとして「着香したのではないか」と思わせるほど芳醇な香気を有するものがあります。とくに、台湾の東方美人茶、文山包種茶、凍頂烏龍茶などは、花の香りを連想させるようなすばらしい香りを放ちます。

これが科学的にはどのようなメカニズムで生成されるのか、さらにくわしい説明は第４章にあずけることにしましょう。ここでは、そんなすばらしい香りを長年追いかけて経験的に解き明かしてくれた人物に触れたいと思います。

ウーロン茶の製造を語る上で欠かせない、私にとっての師がいます。それが、「ウーロン茶作りの名人」として有名な台湾の茶業改良場元研究員の徐永祥《じょえいしょう》さんです（図３‐７）。

図3-7 **ウーロン茶作りの名人、徐永祥氏**

手に持っているものは、柑橘類のザボンの中身をくり抜いて中に茶葉を詰めた「ザボン茶」。10年以上も保管でき、熟成された茶葉は、ウーロン茶とザボンの甘酸っぱい香りが凝縮される。
（筆者撮影）

半世紀にわたってウーロン茶の試験や研究、普及に携わってきた徐さんは、台湾全土の台湾茶とその歴史、栽培・生産から流通・消費、さらには人々と茶のあり方などについても調査を続けてきたエキスパートで、その豊富な経験と知識は、右に出る者はいないといわれた方です。

私はウーロン茶のすばらしい香気に惚れ込んで、茶業改良場を訪問した折、徐さんから直々にウーロン茶製造の手ほどきを受けました。同じ茶の生葉を二つに分けて徐さんと私で試作をおこない、私はできるだけ師と同じ操作になるように真似をして取り組んだのです。

先にお話ししたとおり、ウーロン茶作りはほとんど徹夜でおこなわれます。とくに室内萎凋は10時間にも及び、その間に生茶葉を集めては広げるという操作（揺青）が何回となく繰り返されます。一見単純な作業なのですが、じつは、これがウーロン茶の香気生成の要だと聞いていたので、私は今まで以上に徐さんの一挙手一投足を見逃すまいと、肘の角度から茶葉の回転数、葉の押し加減、そのときの目線に至るまで、あらゆる動きに注意を払い、同じようにおこないました。

翌日、乾燥が終わってウーロン茶が完成し、早速、徐さんと試飲をしてみることにしました。しかし、立ちのぼる香気は、歴然たる差があったのです。いうまでもなく、徐さんのウーロン茶はすばらしい香りが漂っていたのに対し、私のウーロン茶は同じ生葉を使ったとは思えない味気なさで、足元にも及ばないできばえでした。

一体これはなぜなのか、徐さんに尋ねてみると、「寝ている赤ちゃんをそっと抱き上げると、気持ちよければすやすやと寝たままでいるけれど、居心地が悪ければ泣き叫ぶでしょう。一見単純に見えるウーロン茶作りでの生葉の扱いも、それと同じなんですよ」と何とも含蓄ある言葉が返ってきました。

さらに、具体的にはどこが違うのかを教えてほしいと私が食い下がると、徐さんはやはり室内萎凋でおこなう「揺青」というあの単調な操作が鍵なのだと言いました。

「茶葉を集めてはまた薄く広げる」ということをただひたすら繰り返しおこなうのですが、しかし、ここに名人ならではのコツがあり、徐さんは茶葉を薄く広げるときに、わずかな負荷（圧）を茶葉にかけていたのです。この加える負荷の力加減がもっとも重要で、やりすぎれば紅茶もどきとなってしまい、不足すれば香りの出ないお茶になってしまう。この微妙な圧力ひとつで、ウーロン茶の風味は大きく変わってしまうのだと。

徐さんの微妙な手さばきは、何十年にもわたって日々ウーロン茶を作り続ける中で、自分の指先で感触を覚えた職人だけがなせる匠の技でした。芳香に富んだすばらしいウーロン茶に出会うと、私はこの日のことを思い出します。

3-4 黒茶ができるまで

黒茶の作り方

後発酵茶の多くは、茶葉に自然界の菌が付いて発酵するもので、その土地に生息する10種類以上の菌類が関わっていると考えられています。

　愛媛県の石鎚黒茶と高知県の碁石茶は、微妙に製法は異なるものの、ともに「カビ付け」と「漬け込み」という二段階の微生物発酵を経て完成する後発酵茶です。その味は、酸味のある香りと爽やかなうま味が特徴です。また、同じ四国の徳島県には、木桶に入れて乳酸菌で発酵させる阿波晩茶という黒茶もあります。いずれも漬物のように重石を載せて桶で漬け込むことから、「漬物茶」ともいわれています。

　時間をかけて発酵し、カテキンが酸化重合すると、茶葉は褐変して黒っぽくなります。しかし、これらのお茶の水色は、発酵によって生まれた乳酸菌がカテキンの赤みを消し、金色・黄金色になります。

　また、夏場の茶葉は強い日差しの下で光合成が盛んになるため、生の茶葉にはカテキン含有量が多いのが特徴ですが、発酵によってカテキン類は減少するため、渋みが少なく、酸味や甘みの強い味を作り出します。

　ここでは、日本の後発酵茶を４種ご紹介しましょう。まずは石鎚黒茶の作り方を例に、後発酵茶ができる過程を見ていきたいと思います（図３‐８）。

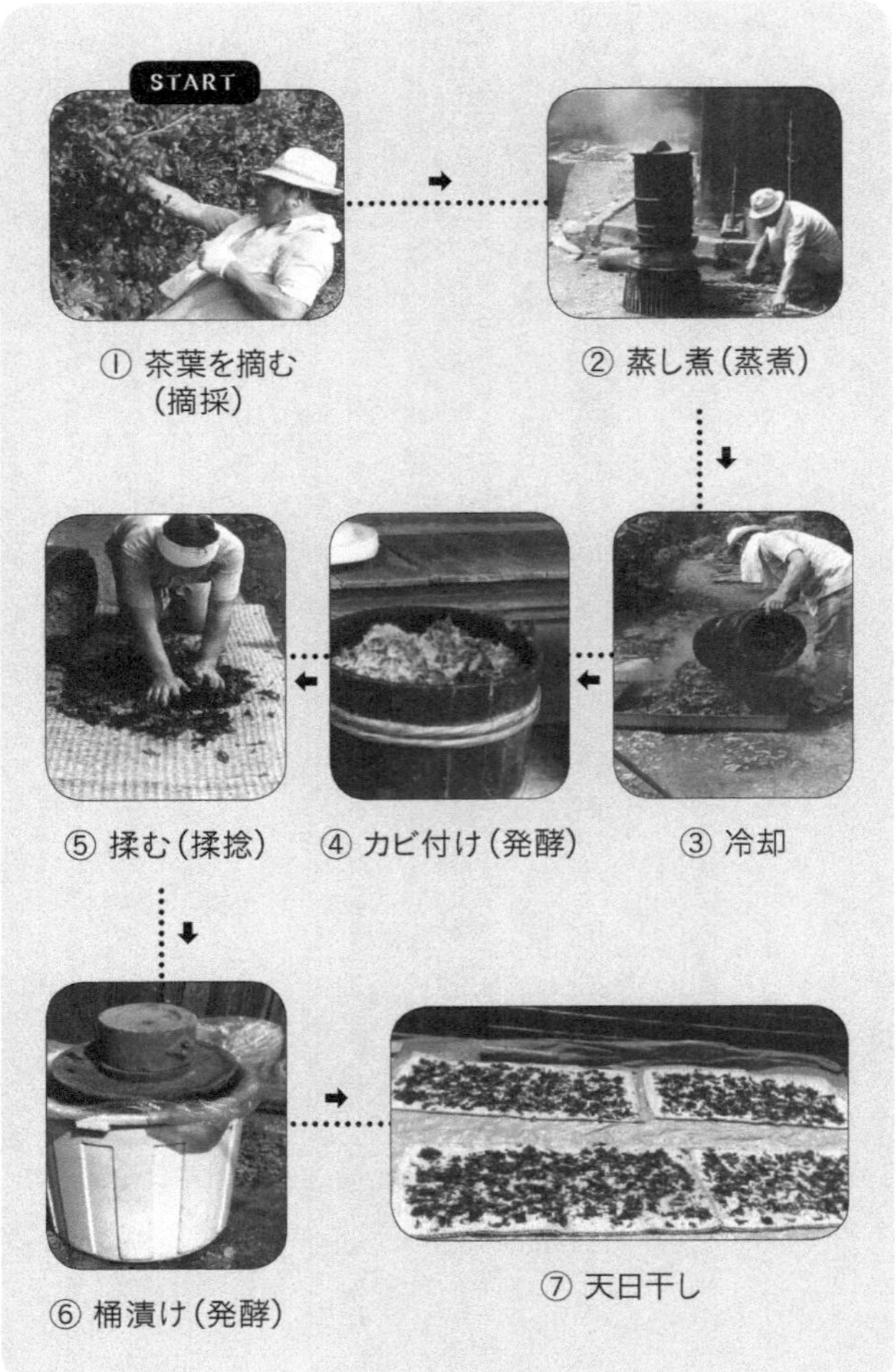

図3-8　**石鎚黒茶の製造工程**

作業期間　約1ヵ月

①摘む（摘採）↓②蒸し煮（蒸煮）↓③冷却↓④カビ付け（発酵）↓⑤揉む（揉捻）↓
⑥桶漬け（発酵）↓⑦天日干し

①摘む（摘採）

微生物（糸状菌）の生育もよく、お茶もよく育つ暑い夏の時期に、成長した在来種の茶葉を柔らかい葉も硬い葉もすべて一緒に摘み取る。

②蒸し煮（蒸煮）

摘んだ茶葉を蒸し器に入れて20～30分程度蒸す。

③冷却

むしろに広げて、一気に冷やす。

④カビ付け（発酵）

冷めた茶葉を桶に軽く詰め、蓋をして約1週間放置する。この間に発酵に適したその土地の菌類が桶の中で生育する。

⑤揉む（揉捻）

カビが生育した茶葉をむしろに広げて軽く揉み込む。所要時間10～15分程度。

⑥ **桶漬け（発酵）**

揉んだ茶葉を桶に入れ、空気を遮断し重石を載せて1～4週間漬け込む。

⑦ **天日干し**

桶の表面の茶葉を取り除き、残りの下の層の茶葉を天日で1～2日干して乾燥したら完成。

日本にある4つの黒茶

（1）石鎚黒茶

愛媛県石鎚山の麓で作られてきた黒茶。先にご紹介したような工程で二段発酵させた黒い茶葉で、水色は美しい黄金色。独特の酸味と香りが特徴です。

ホットティーならのど越しすっきり、夏はアイスティーにすればさっぱりとした清涼感を味わえます。鍋で煮出していただくのですが、茶葉3～4gに対して水は1L。弱火で10分ほど煮出し、3分蒸らしてください。茶葉は入れたままにして飲みます。

（2）阿波晩茶

徳島県を中心に製造されている伝統の漬物茶で、微生物の力を借りて乳酸菌発酵させて作るのが特徴です。収穫した茶葉を茹でて揉み、これを桶に入れて重石を載せ、密封状態で2～4週間じっくり漬け込んで、乳酸菌発酵を進めます。それを天日干しにして完成させます。

徳島で「番茶」といえば、一般的な番茶ではなく、嫌気的バクテリア発酵茶の「阿波晩茶」を指し、「阿波番茶」「阿波晩茶」の名称で販売されています。

昭和30年代初めごろまで徳島県の中央部を東西に流れる那賀川流域、およびその周辺の村々で作られていましたが、現在は、旧相生町（現那賀町）、上勝町を中心にごく一部の地域での製造に限られています。

飲むときは、リーフ茶は3～5g、ティーバッグなら1包を急須に入れ、沸騰したお湯1Lを注いで2～3分蒸らします。透明感のある黄金色の水色になったら飲み頃です。口当たりがよく爽やかな酸味がある味わいで、アイスティーにもおすすめです。

カフェインが少なく、整腸作用や血圧や血糖値を下げる効果が最近では注目されています。

（3）碁石茶

高知県の北部・長岡郡大豊町で製造され、現在は一部の農家でしか生産されていない稀少性の高い伝統茶です。完全無農薬で栽培される山茶の葉を蒸し、土間に広げて1週間かけてカビ付けをおこない、桶に数週間漬け込んで発酵させる製法が特徴です。石鎚黒茶と製法は似ていますが、カビの種類が異なります。発酵によって固まった茶葉は3㎝角に細断され、仕上げに3日間ほど天日で干されます。

飲むときは、急須で淹れるよりも鍋で煮出すほうがよく、2〜3gの茶葉の塊と水1Lを入れて10分ほど煮出すのが一般的です。

豊富に作られる乳酸菌はプアール茶の20倍以上といわれ、甘酸っぱくさっぱりとした味わいのお茶はレモンを加えてもおいしくいただけます。昔から「碁石茶で作る茶粥は胃腸によい」といわれ、整腸作用や美肌効果などがあることでも知られています。

（4）富山黒茶（バタバタ茶）

富山県朝日町蛭谷で作られる黒茶です。かつては祝い事や法要の際に供されていました。

図3-9　**富山のバタバタ茶**

夫婦茶筅でバタバタと泡立てていただく。
（筆者撮影）

茶葉を蒸したあと、桶に入れて１～２週間ほど発酵させます。茶葉を時折崩しては広げる、という作業を繰り返し、発酵が落ち着いたところで、１～２日間天日で干して乾燥させて完成します。

飲むときは、茶葉３ｇにつき１Ｌの湯を入れて２～３分ほど煮出します。大きな茶碗にすくって、細い茶筅を２本あわせた夫婦茶筅で泡立てていただきます（図３-９）。バタバタとかきまわして飲むことから「バタバタ茶」と呼ばれるようになったといわれています。

CHA

伝説の黒茶「石鎚黒茶」をよみがえらせる

石鎚黒茶は、西日本の最高峰、石鎚山（愛媛県）の中腹に住む曽我部正喜氏ただ一人が伝承してきた後発酵茶です。そんな伝統茶が消えかけていたのは数年前のことでした。80歳を過ぎた曽我部さんが第一線を退いたことで、石鎚黒茶は事実上、製造終了となったのです。そして2014年12月、曽我部夫妻はついに石鎚山を下りました。

この地に住んで80余年、朝日とともに目の前にそびえる石鎚山と挨拶を交わして茶畑へ出かけ、夕方になると石鎚山にお礼を言って家路に着く。毎年夏にできあがる滋味豊かな石鎚黒茶を、曽我部さんは丁寧に淹れて三度の食事のたびに飲み、病気一つせず過ごしてきました。

その伝承者が茶作りをやめたいま、このままでは石鎚黒茶が消えて幻になってしまう――。私はそんな危機感に駆られ、「何とかこのお茶を残せないか」と曽我部夫妻にうかがいました。そこで曽我部さんから「環境的に石鎚山と非常に似ている場所が東京にある」と助言を受けたのです。

それが、東京・西多摩郡にある檜原村《ひのはらむら》でした。本州における都内唯一の村です。早速、現地に飛んでみると、あまりに石鎚山の風土によく似ていて驚きました。しかも、大事に育てられている茶の樹があり、地元の人たちがこの茶葉から紅茶の製造をおこなっていたのです。私は迷わず檜原村で石鎚黒茶の試作を始めることに決めました。

しかし、幻のお茶の製造はそう容易《たやす》いものではなく、味の決め手となる発酵は失敗の連続、そう簡単にはいきませんでした。

あるとき、昔の石鎚黒茶から採取した微生物（胞子形成菌・糸状菌の一種）を保管していたことを思い出しました。これを培養して散布し、発酵を試みたところ、ようやく納得のいく石鎚黒茶の味にたどり着くことができたのです。

「曽我部さんは、この味をどうお感じになるだろうか」と逸る気持ちを抑え、新茶を携えて曽我部さん宅を訪ねました。石鎚山の水を使って湯を沸かし試飲してもらったところ、曽我部さんは満足そうに頷き、「本当の石鎚黒茶に近い味」とのお墨付きをいただけたのです。

幻と化す寸前に蘇えらせることができたこの石鎚黒茶を、私はぜひ次代に継承したいと考えています。今では、愛媛大学などでも継承のための活動や研究が広まっています。

なお、同じく稀少な黒茶には高知県の碁石茶もあり、１９８０年代には数軒の農家によって作られていました。しかし、その数年後には小笠原正春さんただ一人だけになってしまい、石鎚黒茶と同様に、一時期は存続が危ぶまれたのですが、最近ではまた生産農家が少しずつ増加傾向にあります。日本の伝統ある食文化が、良い形で守られていくことを願っています。

第4章 お茶の色・香り・味の科学

おいしさは何で決まる？

よいお茶は、味だけでなく色や香りも素晴らしいもの。ですが、いい香りや美しい水色が何に由来するのかは大きな謎でもありました。じつはお茶は、とても複雑な飲み物だったのです！

4-1 緑茶・紅茶・ウーロン茶の「色」のひみつ

鮮やかな緑を保つ秘訣

同じチャの樹からできるお茶にもかかわらず、緑茶は爽やかな緑色で、紅茶は鮮やかな赤色のお茶としてできあがります。こうした色の違いはなぜ生まれるのでしょうか。まずはじめに、緑茶、紅茶、ウーロン茶それぞれの「色」のひみつに迫ります。

緑茶は、太陽の光を浴びて育った緑色の茶葉を収穫して作られます。この緑色の色素のもとになっているのが葉緑素（クロロフィル）です。

収穫期に摘んだ新芽は、そのまま置いておくと茶葉に含まれる酸化酵素によって変色していきます。収穫後の茶葉をすぐに蒸して加熱処理するのは、この酸化酵素の働きを止めるためです。蒸し上げられた茶葉には、葉緑素が分解されずに残ります。この葉緑素が緑茶を淹れたときに、日本茶らしい緑色を生み出すのです。

緑茶の中でも最高級茶である玉露は、ほかの煎茶に比べて水色は非常に透明度の高い緑色をしていますね。この美しい緑色も偶然の産物ではなく、玉露特有の栽培方法によってもたらされています。

第1章で触れたように、玉露の茶葉は、収穫される20日以上前に簀子などに覆われ、90％以上光をさえぎられた状態で栽培されます。直射日光が当たらなくなった玉露の茶葉の中では、どのようなことが起きていると思いますか？　突然弱い光しか当たらなくなった茶葉は、こうした環境の変化を察知して、弱い光の中でもこれまでと同じようにたくさん光合成をしようと、葉緑素を活発に働かせるようになります。

光量が減少すると茶葉中のクロロフィル含有量は増加します。光合成の量を保つために、クロロフィルの量を増やして対応しようと、生命体として合理的な変動が起こるのです。それによって、玉露の茶葉の葉緑素は煎茶の2倍以上の含量となり、あの玉露特有の色鮮やかで美しい緑色に変化します。

しかし葉緑素は、酸化に弱く壊れやすい分子構造のため、安定して色を保持する力がない「不

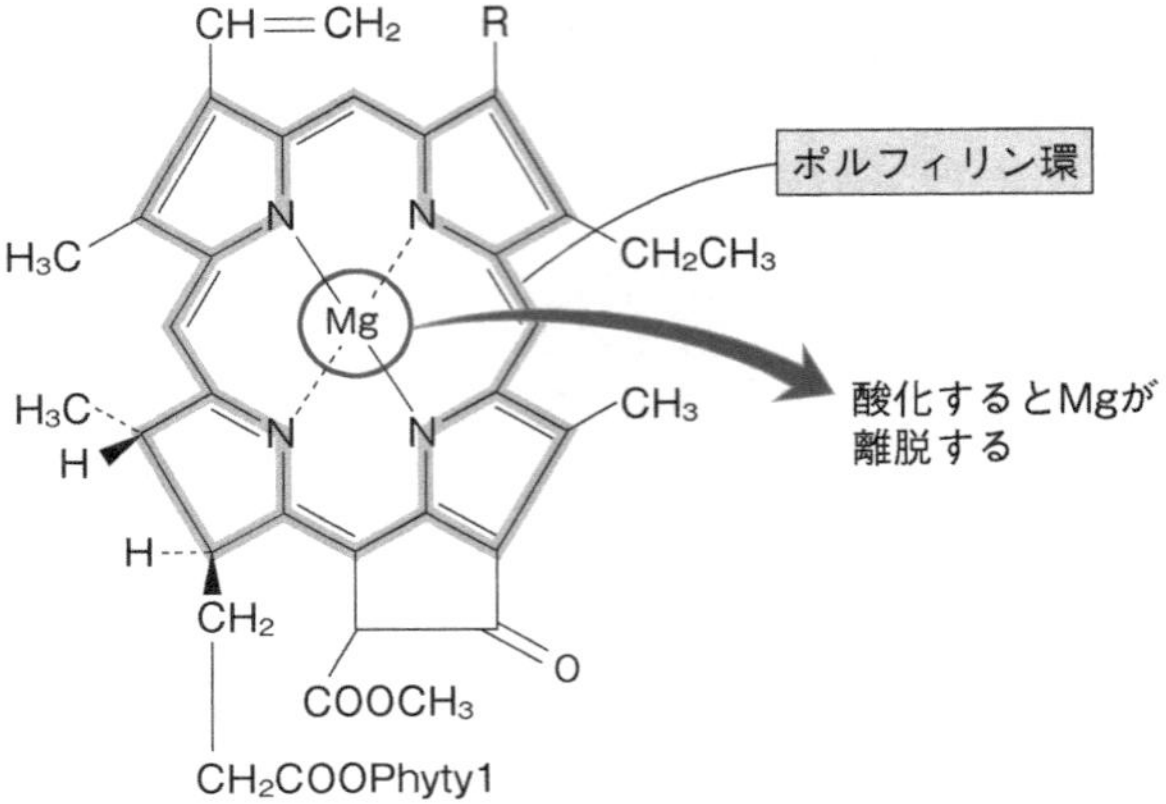

図4-1　葉緑素（クロロフィル）の構造

空気に触れて酸化すると、中央のマグネシウム（Mg）が離脱し、緑色が退色する。

安定な色」でもあります。緑茶を淹れて急須に残った茶葉が、しばらく時間が経つと緑が薄れて茶色っぽく変色しているのは、まさにこの現象です。

　この色の変化をもう少し科学的に見てみましょう。まず、クロロフィルは図4-1に示したように、ポルフィリン環（五角形のピロール環が4つある環状構造）の中心にマグネシウム（Mg）を配した構造となっています。

　茶葉が空気に触れて酸化することで、ポルフィリン環からマグネシウム（Mg）が離脱してしまいます。酸化によって葉緑素はフェオフィチンという分解物に変換され、緑色は薄まり、酸化を示す灰緑色に変わっていきます。

たとえば、和室の畳の色が年々色褪せていくのも、畳の表面で酸化による化学反応（酸化反応）が起きているからなのです。

抹茶はなぜ変色しやすいか

また、玉露と同じ茶畑から作られる抹茶も、独特の香りと青草色が美しいお茶ですが、非常に劣化しやすく、退色しやすい特徴をもっています。それは、抹茶が空気に触れる表面積が多い粉茶なので、ほかの緑茶と比べて非常に酸化しやすいためです。

茶筅で点てていただく薄茶は、茶道に馴染みのない人にも、海外のツーリストにも人気の飲み物で、英語では「ＭＡＴＣＨＡ《マッチャ》」とそのまま表記されます。お茶として飲んで味わうだけでなく、抹茶を使った和洋菓子やアイスクリームなども人気がありますが、あの抹茶らしいきれいな緑の色合いを長期間保持するのは、葉緑素の科学構造からしても非常に難しいのです。ですから、美しい緑色を保つためにも、とくに抹茶の保存には注意を払う必要があります。

ところが、少し前にこれをくつがえすような商品が開発されたことを耳にしました。「数ヵ月間放置しても、変色しない抹茶」ができたというのです。私はすぐにそれを取り寄せて、実際に試してみました。

届いた抹茶は、見た目は至って普通で、一般的な抹茶と変わりなく、鮮やかな緑色をしていました。たしかにその抹茶は1ヵ月経っても2ヵ月経っても、色にまったく変化が生じなかったのです。これは一体なぜなのか。不思議に思って開発者に質問してみたところ、抹茶の原料である碾茶を乾燥させる際に、銅鍋で炒って仕上げるとのことでした。

碾茶を銅鍋で加熱すると、葉緑素の中のマグネシウムが酸化されにくい銅（Cu）に置き換わります。これが抹茶の色を安定させるのです。

この新型抹茶の嗜好性、安全性については、その可能性を含めてもう少し検討が必要な気がしますが、非常に興味深い試みです。

紅茶の美しい赤色を決めるもの

緑茶の中でも、ほうじ茶の茶葉や水色が茶色なのは、製造過程で火入れをして炒っているためです。この茶色は、お茶に含まれるアミノ酸と糖類が加熱されることによってアミノカルボニル反応が生じ、褐色に変化することで生じます。

ポットに温かい緑茶を入れて外出し、昼どきに飲もうとポットを開けたら、茶色に変色していたという経験はないでしょうか。これは緑茶に含まれるカテキンが空気に触れて酸化したことがおもな原因です。また、緑茶を飲んでいる茶碗や急須につく茶色も、茶葉に湯を注ぐことによって溶け出した茶成分中のカテキン類が空気に触れて酸化され、褐変化したものです。先にお話しした葉緑素の酸化では、フェオフィチンが生成されて緑色が薄くなります。一方、カテキンの酸化では、緑茶の緑が茶色に変色することになるのです。

第3章の紅茶の作り方で、生の茶葉を揉むことで褐変する理由はカテキンの酸化だということを簡単にお話ししましたが、茶の生葉に含まれるカテキンは、ポリフェノールオキシダーゼという酸化酵素によって酸化すると、その酸化の程度によって紅茶特有の3つの色素が生成されます。

その3つとは、明るいオレンジ色のテアフラビン、濃い赤色のテアルビジン、および赤褐色のカテキンの酸化重合物です。

紅茶を淹れた紅茶浸出液を酢酸エチルで抽出すると、テアフラビンが溶け出してきます。質のよい紅茶の水色は、明度があり鮮やかですが、これはおもに明るいオレンジ色のテアフラビンに由来することがわかっています。

テアフラビンを除いた残りの紅茶浸出液は、深く鮮やかな紅色をしています。これがテアルビジンと呼ばれるもので、この物質こそが紅茶本来の赤い色となります。

もうひとつのカテキンの酸化重合物は、赤褐色とも黒褐色ともいわれていますが、紅茶製造時の発酵（付加）時間を長くすると生成されます。これが少ないほうが水色は良くなり、上級紅茶となります。

紅茶らしい色のもとになるカテキンとは

まず、紅茶の色素のもとになるカテキンについて簡単に触れておきましょう。

カテキンはポリフェノールの一種ですが、その種類は多く、現在確認されているものだけで50種類以上にのぼります。茶に含まれるカテキンも1種類ではなく、大きく分けると、次の4種になります（図4‐2）。

苦みはあっても渋みはほとんどないエピカテキン（EC）とエピカテキンガレート（ECG）、強い苦みと酸味をもつエピガロカテキン（EGC）とエピガロカテキンガレート（EGCG）で、これらは茶葉中に10～20％存在しています。その中でももっとも多いのがエピガロカテキンガレートで、全カテキン含量の約半数を占めます。どの茶葉にもこの4種のカテキンが含ま

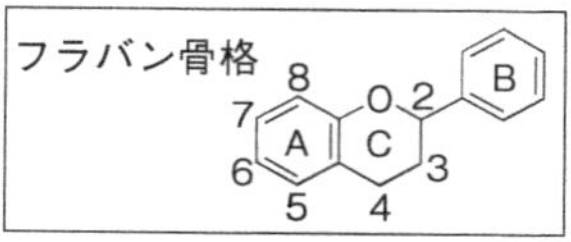

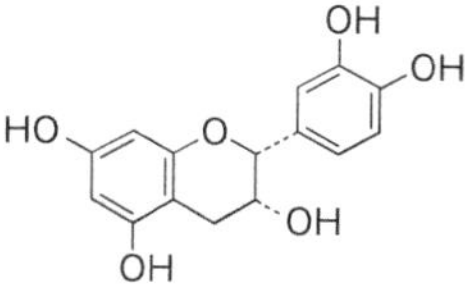
〈エピカテキン (EC)〉

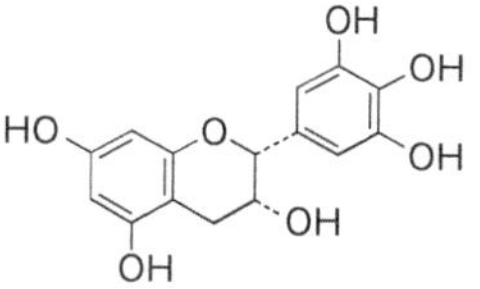
〈エピガロカテキン (EGC)〉

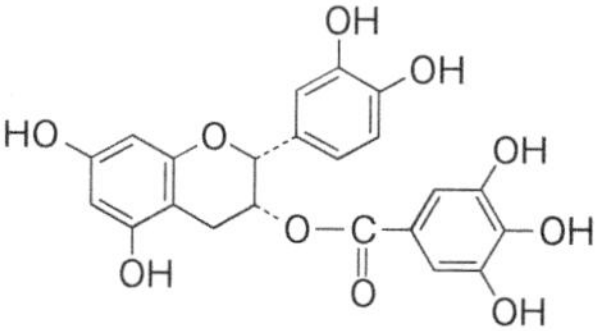
〈エピカテキンガレート(ECG)〉

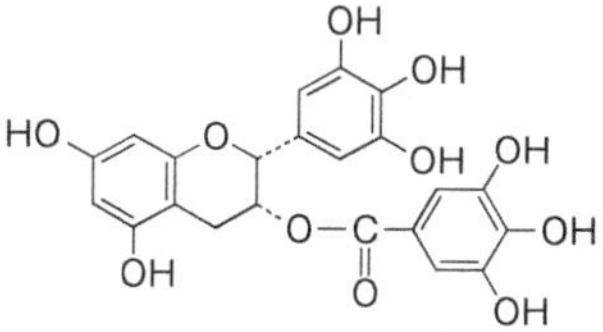
〈エピガロカテキンガレート(EGCG)〉

図4-2　茶に含まれるおもなカテキン
フラバン骨格という構造を持った分子がカテキンと呼ばれる。

れ、エピガロカテキンガレートがいちばん多いのも共通しています。
　しかし、カテキン類は無色、無臭の結晶で、もともと色はありません。つまり、発酵茶である紅茶は、茶葉に含まれる酵素の酸化反応によって変化したテアフラビンなどのポリフェノールによって初めて色がつくのです。カテキンが酸化したテアフラビンやテアルビジン、カテキンの酸化重合物も、ポリフェノールです。したがって、カテキン類は紅茶になると生茶葉のときの3分の1〜10分の1に減少します。
　また、紅茶を白いシャツなどにこぼすと洗ってもなかなか落ちないの

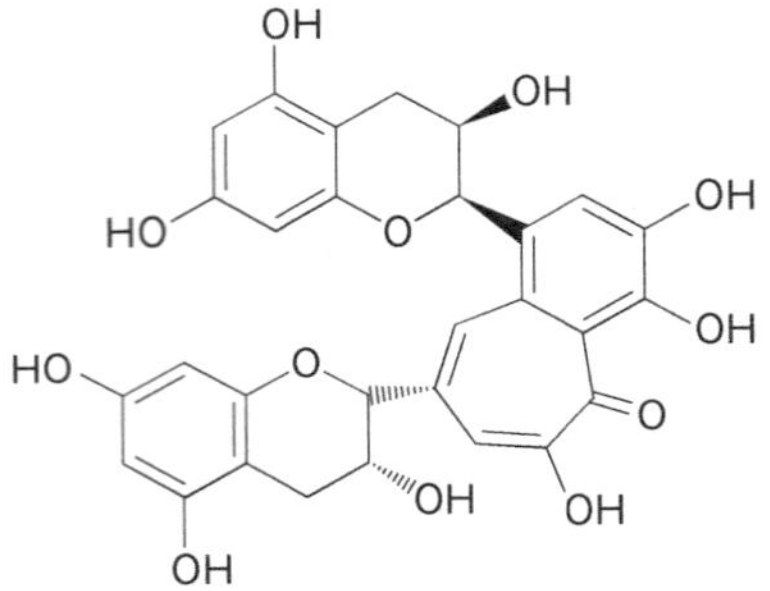

図4-3　**紅茶の色を作り出す テアフラビン**

図4－2で示したカテキンが2分子結合するとテアフラビンとなる。

は、テアフラビンやテアルビジン、カテキンの酸化重合物の特徴である「吸着作用」によるものです。このカテキンの吸着性については第6章でお話ししますが、インフルエンザや風邪の予防、口臭予防などにも活かされています。

また、上質な紅茶の色を作り出す主成分となるテアフラビンは、カテキンの2分子が結合して生まれるもので、1種類ではありません（図4‐3）。

たとえば、エピカテキンとエピカテキンガレートが結合すればテアフラビンに、エピカテキンとエピガロカテキンガレートが結合すればテアフラビン‐3‐ガレートになります。

「ゴールデンリング」のメカニズムと紅茶の謎

テアフラビンは上級紅茶になるほど多く含まれ、紅茶の発酵時間を長くするとその色は黒みを増してきます。先にお話ししたように、白いティーカップに紅茶を注いだとき、内側の縁に黄金の環（ゴールデンリング）ができる鮮やかな紅色の紅茶が良質だとされていますが、そのような水色の紅茶には、テアフラビン類も多く含まれているのです。

ゴールデンリングは、紅茶と白いカップの斜面に光が反射して、光の波長が縁の部分だけわずかに短くなることで生じるといわれています。紅茶の水色の波長が鮮やかな紅色だと黄金の環がくっきり見えるといわれており、水色が濃すぎたり薄すぎたりすると、これは起こりません。

なお、紅茶にレモンを入れると、スッと水色が薄くなるのは、お茶のpHがレモンのビタミンCによって下がり、酸性になるためです。味も爽やかになります。紅茶はアルカリ性になると水色は黒っぽくなり、あまり好まれない味になってしまいます。

紅茶の色を決めている色素のうち、テアフラビンは50年ほど前にその化学構造が日本の研究者・滝野慶則氏によって解明されました。テアルビジンもイギリスの研究チームによって命名され、分子量が７００～４万のカテキン重合体を含む混合物だということまではわかっていますが、それ以上は不明のままです。紅茶の３つ目の要素となるカテキンの酸化重合物に関しては、発酵時間が長くなるほど増加し、紅茶の品質が低下することはわかっていますが、現在もこれといった進展性のある研究は見当たりません。

私たちは紅茶の水色の謎を解明すべく、国立茶業試験場（当時）と共同で30年以上にわたって研究を続けてきましたが、その道は想像以上に険しく、まだその答えには至っていません。じつは世界中でもっとも多くの人に親しまれている紅茶は、科学的に見ると、いまだ化学構造がわからない得体の知れないものなのです。今後のさらなる研究成果に期待したいと思います。

多様なウーロン茶の色

中国茶は、水色によって緑茶、白茶、黄茶、青茶、紅茶、黒茶に分類され、ウーロン茶は「青茶」に属します（40ページ、図1 - 6参照）。

緑茶は完全非発酵茶で、白茶から黒茶にかけて発酵（付加）度が高くなっていき、水色もそれにつれて濃くなっていきます。第1章でもご紹介したように、緑茶の発酵度を「0」、紅茶の発酵度を「100」とすると、ウーロン茶は「30～70」くらいの発酵度のお茶が含まれます。

この発酵度の中で、発酵度の低いウーロン茶に包種茶、次いで清々しい香りのある凍頂烏龍茶、中程度の発酵度のものに鉄観音、黄金桂、水仙などがあります。発酵度の高いものに武夷水仙（武夷岩茶）、もっとも発酵度が高いウーロン茶としては紅烏龍などの台湾の高級ウーロン茶があります。

このようにさまざまな発酵度があり、水色も澄んだ淡い黄色から褐色に近いものまでさまざまです。製法も一様ではありません。ウーロン茶＝赤褐色の印象が強いのは、ペットボトル飲料のイメージが強いからでしょう。

ウーロン茶の発酵（付加）は、紅茶にくらべて茶葉の組織の破壊は少ないので、酸素が比較的少ない状態で進行します。そのため、生茶葉に含まれるカテキンはもともと同じようなものでも、製造の過程でできてくる着色物質が紅茶とは異なるのです。

たとえば、エピガロカテキンガレートが２つ結合するとビスフラバノールＡ、エピガロカテキンガレートとエピガロカテキンが結合するとビスフラバノールＢなどというウーロン茶に特有の着色成分ができることがわかっています。

4-2 さまざまな香りを生み出すメカニズム

緑茶らしい香りの成分

豊かなお茶の香りは、茶に含まれる揮発性成分によって生み出されます。その数は緑茶で200種、紅茶で300種以上といわれています。お茶の種類によってまったく特徴の異なる香りは、1種類の香気成分からなるものではなく、無数の香気成分が複雑に絡み合って形成されているものなのです。

とくに発酵茶である紅茶や、半発酵茶のウーロン茶は、茶の製造過程で緑茶よりもはるかに大量の香気成分が生成されます。そのため、緑茶は「味を楽しむお茶」、紅茶とウーロン茶は「香りを楽しむお茶」とよくいわれます。

緑茶を淹れたときに立ちのぼる緑茶特有の爽やかな香りのもとになっているのは、「緑の香り」と呼ばれるシス‐３‐ヘキセノールやシス‐３‐ヘキサナールなどの青葉アルコール、青葉アルデヒドと呼称される一群の化合物です。「苔のような香り」ともたとえられます。これらは揮発性のため加熱すると飛んでしまいますが、「森に入ったときの香り」「森林浴の香り」とも称される香りです。かつて外国人からは「草のようなにおい（グラッシー）でクサイ」と敬遠された時代もありましたが、人の好みは時代とともに変化するもので、近年はホッと癒やされる香りとして多くの人に親しまれています。

また、玉露の「覆い香」と呼ばれる青海苔のような独特な深みのある香りを生み出しているのは、ジメチルスルフィドという香気成分です。ほうじ茶の香りは、おせんべいやコーヒーなどにも含まれる香ばしい匂い成分、ピラジン類を多く含有することで作られています。これらにやや青臭みのあるピロール類や、甘い香りを想わせるフラン類、さらに番茶特有の匂いが加味されて、ほうじ茶独特の香ばしい匂いが生成されます。

300種でもまだ足りない紅茶の香り

緑茶に対して紅茶は、花の香りや果実を感じさせる香りが多く、代表的な香りとしては、スズラン系の軽い香りが特徴のリナロール、バラや重めの柑橘系の芳香を放つゲラニオール、柑橘系の爽やかさとフローラル系の甘さを合わせ持つネロリドールなどが挙げられます。

呼称に「○○オール」とつくのは、アルコールを意味しています。香気成分はアルコールやアルデヒドなどのテルペン類からなり、ぶどうやりんごなど果物系の香りが多いのが特徴です。

お茶の香りは、発酵、揉捻時の酵素反応によって生成するとされていましたが、近年、香りのもととなるテルペン類は、萎凋段階ですでに茶葉に存在している配糖体が、萎凋によって加水分解されて香気成分を生成するということが明らかにされました。先にもご紹介しましたが、配糖体とは糖と香気成分が結合したもので、これが萎凋の過程で分解して、香りを発するようになるのです。

このメカニズムは、緑茶と紅茶やウーロン茶の違いを理解するために非常に重要な知見です。

近年では、茶の香気成分を科学的にかなり分析できるようになり、茶の品質評価をおこなう上でも役立てられるようになってきました。香気成分の分析は割と容易にでき、お茶の香りの特徴や、火入れの際に生じる香気成分に強弱をつけたり、貯蔵中の荒茶の香気成分の変化を分析して、品質の向上や管理に役立てられています。

あるとき私たちは、紅茶のダージリンのエッセンシャルオイルを作ろうと現在までに分析されている物質をすべて混ぜ合わせてみたことがあります。しかし、ダージリン紅茶の香りになることはありませんでした。

つまり、これが「紅茶の香りの成分」「ウーロン茶の香りの成分」というものはいまだ見出されておらず、すでに判明している300種の香気成分のほかにも多くの成分が関わっていて、より沸点が低い物質を捕り逃しているのではないかと考えられます。

またウーロン茶は、花の香りの強いものが「質の高いお茶」とされています。茶葉を収穫後、天日にさらす（日干萎凋）ことで茶葉に含まれる酵素が働き、リナロール（スズラン系の軽く爽やかな香り）やゲラニオール（柑橘系のやや重い香り）など、それぞれのお茶の香りの特徴を形づくるさまざまな香気成分が生成されます。

その香りは、発酵度合いや製造中の温度や湿度によっても変化します。中でも、ベンズアルデヒド、ネロリドール、インドールなど、沸点が高く重い香りの香気成分が多いのも特徴です。

香り高いウーロン茶を作るには天候も重要な要素です。第3章でも触れましたが、天日干しができない雨天の日は製造に向きません。

4-3 「うま味」の緑茶・「渋み」の紅茶・「香り」のウーロン茶

緑茶は「味」が勝負

味の基本は、甘み、塩み、酸味、苦み、うま味の5つ。五原味と言われ、ここに渋みや辛み、さらには香りや見た目、触感、食感などが入ってきます。

お茶の場合は、うま味、渋み、苦みに、ほんの少し甘みが加わって構成されています。つまり、お茶の味を決めるのは、うま味に関わるアミノ酸、渋みに関わるカテキン、苦みに関わるカフェインの3成分です。これらは、緑茶・紅茶・ウーロン茶のどのお茶にも含まれているもので、この3つの割合が異なることで、それぞれのお茶に味の違いが形成されます。

お茶の種類	カフェイン（%）	カテキン類　（%）	アミノ酸　（%）
玉露	3 〜 4	9 〜 10	4 〜 6
煎茶	2.5 〜 3.5	12 〜 13	2 〜 3
番茶	2 〜 2.5	12.5 〜 13.5	2 〜 2.5
ほうじ茶	1.5 〜 2	9 〜 10	0.5 〜 1
ウーロン茶	3.9	6.1	1
紅茶	3	8.6	1.5

表4-1　お茶に含まれる成分の違い

さまざまなお茶の茶葉中の成分含量を比較。
『新茶業全書』（静岡県茶業会議所）、『平成28年版　茶関係資料』（日本茶業中央会）、著者実験データをもとに作成

３つのお茶の中で、うま味成分であるアミノ酸がもっとも多いのが緑茶です。アミノ酸と一口にいっても種類はいろいろあり、お茶には20種類以上のアミノ酸が含まれています。そのうちの5〜6割を占めるのがテアニンです。そのほか、グルタミン酸、アスパラギン酸、アルギニンなどを含むことが明らかになっています。

日本における茶の生産量の7〜8割は煎茶ですが、上級煎茶ほどアミノ酸含量は高く、カテキン含量は反対に少なくなります。緑茶の最高峰である玉露の茶葉が含有するアミノ酸は１００gに2〜5g（乾燥茶葉当たり）もあり、緑茶のうま味にはアミノ酸が不可欠で、お茶を飲用するとホッとするリラックス効果にもアミノ酸の寄与率は大きいものと考えられます。

また最近、私が進めるうま味の研究の分析結果で、アミノ酸のひとつであるアルギニンが多いと、おいしいお茶になるということもわかってきました。玉露のように光を遮

って栽培すると、アルギニンの生成量が増加します。なぜアルギニンを多く含有すると味が向上するのか、そのメカニズムの解明はこれからですが、これがわかると、調味料の開発など実用的にも応用の広がる可能性を秘めていると思います。今後さらに研究を進めていく予定です。

表4‐1は、玉露、煎茶、番茶、ほうじ茶、ウーロン茶、紅茶に含まれる茶葉中のカフェイン、カテキン類、アミノ酸の成分量を表にしたものです。

玉露の場合、カテキンは9～10%程度、カフェインは3～4%、アミノ酸は4～6%。煎茶はカテキンが12～13%程度、カフェインが2・5～3・5%、アミノ酸が2～3%です。

ほうじ茶の成分は、番茶と比べてみると、お茶のうま味成分の代表であるテアニン（アミノ酸の一種）は5分の1以下に、グルタミン酸などは4分の1程度に減少します。また、アミノ酸と反応する相手の糖類は3分の2ほどに減少するのですが、香気成分は焙焼によってフルフラールやジメチルピラジンなどが増加し、ほうじ茶特有の香りが作られると同時に、生茶葉中の青葉アルコールなどは減少して、バランスのとれた香りを形成していると考えられます。

「本当の紅茶」の味を知っていますか？

一方、紅茶の味を決めているのは、おもにカテキン類です。緑茶のようなうま味はなく、口に含んだときにカテキン由来の爽やかなパンチがあるもの、ワインのように重厚な味わいのあるものが良いとされます。紅茶の種類によってはポリフェノールが緑茶の１・５〜２倍ほど含まれるものもあり、これが紅茶の味の特徴を形成しています。

酸化酵素がしっかり働いて発酵（付加）が起きると、カテキンの大半がテアフラビン、テアルビジンなどのカテキン酸化重合物に変化し、紅茶に10〜20％含まれます。発酵過多の場合はカテキン酸化重合物が不溶化し、パンチのない間延びした味で黒みの強い水色になります。

つまり、爽やかでパンチの効いた渋みやワインのような重厚な風味が楽しめる上質な紅茶には、テアフラビンなどのポリフェノールが豊富に含まれているわけです。「渋みの紅茶」といわれる所以《ゆえん》はここにあります。

ところが、最近ではこうした紅茶本来の味を知らない人も少なくありません。「紅茶が好き」といって毎日飲んでいる人でも、話を聞いてみると、口にしているのはフレーバーティーであることが意外と多いのです。

リンゴやピーチなどの果物や、ローズやサクラなどの花をはじめ、キャラメル、バニラなどフレーバーの種類は多彩で、毎年次々と新商品が発売され、ティーバッグでも気軽に楽しめるようになっています。

たとえば、フレーバーティーとの認識がなく世界中で愛飲されている代表的なものがアールグレイでしょう。しかし、これらの香りは、ベルガモットなどの香料を使って意図的に後付けされた香りであって、紅茶の製造過程で自然に生成されたさまざまな香気成分によって構成された香りではありません。

「どんな紅茶が好きですか?」と訊いたとき、瞬時に「アールグレイ」とか「ローズティー」などと答える客人には、筆者は笑顔で、次回からは出がらしの紅茶を煮出して差し上げることにしています。

フレーバーティーしか馴染みがない人に、紅茶本来の渋みや香り、重厚さを味わえるリーフティーを淹れて差し上げると、「これが本当の紅茶の味なんですか⁉」とたいてい驚かれます。第5章ではおいしい淹れ方にも触れているので、日頃、紅茶をあまり飲まないという方も、いろいろ試してぜひカテキン由来の紅茶の味をみていただきたいと思います。

また、紅茶にレモンを入れてみると、水色は少々薄くなりますが、レモンの酸味と調和して風味は増します。とくに上級の紅茶であれば、レモンの香りに負けない紅茶の香りも立ち上がり、相乗したすばらしいハーモニーを味わうことができます。

ウーロン茶は、紅茶と同様、香りが決め手のお茶で、味よりも香りが重視されています。味と化学成分の関係は、日本では緑茶を用いて盛んに研究されていますが、ウーロン茶は不明な点が多く残されています。ウーロン茶の浸出液には、アミノ酸、カテキン、カフェインのいずれも少なくなっています。緑茶のように蒸し製ではなく釜炒り製のため、製造の過程でそれらの茶成分が減少するのです。したがって、香りがウーロン茶の嗜好性を決定づけることになるわけです。

お茶らしさを決める3つの物質

それでは、「お茶らしい味」を決めている物質、カテキン、テアニン、カフェインについて、それぞれもう少し深く掘り下げてみたいと思います。

(1) カテキン

お茶の渋みと、苦みにも多少関わっているのが、カテキンです。その語源は、インドなどに生息するマメ科アカシア属のアカシア・カテキューの樹木から採取した黒褐色の「カテキュー(catechu)」に由来しています。

1821年、スイスで初めてカテキューから無色の結晶が分離され、1832年にドイツの博物学者エーゼンベックによって「カテキン（catechin）」と命名されました。

渋みは「タンニン」ではないの？　と思われる方もいるかもしれませんね。タンニンというのは植物に含まれる渋み成分の総称で、化学構造も一定ではありません。一方カテキンは、一定の化学構造を持ち、お茶に含まれるタンニンの大半はカテキン類であり、測定値もカテキン類の合計値に相当することが明らかになってからは、カテキンをデータに使用するケースが多くなっています。さまざまなデータにタンニンとカテキンが混在しているのはこのためです。

タンニンとポリフェノールは同義語として用いられることが多く、カテキンはポリフェノールの一種です。

したがって、お茶に含まれるポリフェノールは科学的にはカテキンと呼ばれ、乾燥茶葉に10〜20%含まれています。このカテキンは、緑茶よりも紅茶に、一番茶よりも二、三番茶に多く含まれます。

茶に含まれるおもなカテキンには6種類あり、そのうちとくに多く含まれるカテキンは遊離型のエピカテキン、エピガロカテキン、エステル型のエピカテキンガレート、エピガロカテキンガレートの4種（149ページ、図4‐2参照）。エピカテキンはリンゴやブドウ、チョコレートなどのポリフェノールにも存在しますが、後者3つは茶特有のカテキンです。また、エピカテキン、エピガロカテキン、エピガロカテキンガレートの3種は、20世紀に入り日本の化学者が発見したカテキン類です。

遊離型カテキン類は苦みと後味に少しの甘みを呈しますが、カテキン類のC_3位のＯＨに没食子酸（gallic acid）がエステル結合したガレート（gallate）類では渋みと苦みを示します。その中でも、茶カテキンの風味や薬効の中心となっているのは、エステル型のエピガロカテキンガレートで、全カテキンの45～65％を占めます。舌を刺すような強い苦みと渋みを有しますが、渋柿のような舌にまとわりつくような渋さではなく、さらりとした苦渋味が特徴です。

お茶を飲んだときに感じる爽快な渋みは、飲み慣れない人には「渋い」と嫌がられますが、お茶を飲み慣れた人、お茶好きの人には、この渋さが好まれ、「おいしい」と感じられます。

カテキン類は、冷水には溶けにくく、熱水にはよく溶ける性質を持つため、低めの温度の湯で淹れた玉露や高級煎茶はうま味成分のほうが際立ち、熱湯で淹れる番茶や紅茶は爽やかでパンチのある渋みがより強調されるわけです。

（２）テアニン

テアニンは、日本の研究者によって発見された茶特有のアミノ酸の一種です。１９５０年、京都府立農業試験場茶業研究所（現・京都府茶業研究所）所長の酒戸弥二郎氏によって玉露から発見され、のちに化学構造が明らかとなり、茶の旧学名「Thea sinensis」にちなんで「テアニン(Theanine)と命名されたといわれています。

グルタミン酸の誘導体でもあり、別名γ-グルタミルエチルアミド、γ-(エチルアミド)L-グルタミン酸とも呼ばれます。味はグルタミン酸より弱いものの、甘いうま味があり、玉露などの高級緑茶に多いことから、緑茶のうま味の主成分と考えられていました。

テアニンの合成は茶樹の根でおこなわれ、新芽や新葉へと移行し、さらに日光が当たると、テアニンはカテキンへと変化します。

玉露などの高級茶は、収穫前の一定期間遮光すると、カテキンが減少し、テアニンが増加することが知られていますが、こうしたテアニンの合成経路や化学変化が明らかになると、それも腑に落ちますね。一時的な被覆栽培によって新葉に含まれるテアニンは、カテキンへの変化(代謝)が抑制され、その結果、茶葉に多くテアニンが含有されるのです。

最近の研究では、テアニンを摂取するとα波が出現することがわかり、ストレスの緩和やリラックス効果、血圧の抑制効果が認められています。さらに、脳の海馬の神経細胞死を抑えることから、脳梗塞の予防に期待が持たれているところです。

また、テアニンの化学構造はグルタミン酸とよく似ているため、以前に次のような実験をしたことがあります。

緑茶（番茶）、紅茶を淹れて同様にカップに並べ、両方にグルタミン酸ナトリウムをひとつまみ加えてよく混ぜ、それぞれ味をみます。紅茶にグルタミン酸ナトリウムを加えたものはミスマッチで飲めたものではありませんが、番茶にグルタミン酸ナトリウムを加えたものは、「これがあの番茶か!?」と思うほどうま味が増していました。つまり、緑茶のうま味には、アミノ酸のグルタミン酸が大きく関わっているのです。

(3) カフェイン

カフェインはその味よりも、覚醒効果を期待している人のほうが多いかもしれません。日常的に眠気覚ましとしてよく飲まれているのがカフェイン飲料です。人がなぜお茶を飲むのかを考えたとき、喫茶の起源以来、カフェインの役割が大きかったことは容易に考えられます。

緑茶、紅茶、ウーロン茶で見ても、「苦み」のもとであるカフェインは、カテキンのもつ渋み・苦みよりも軽さのある苦みを有しています。緑茶からカフェインをカットすると、緑茶本来のさっぱりとした苦みが消失することから、カフェインもお茶の味に重要な役割を果たしていることがわかります。苦みがおいしく感じられるお茶はカフェインの含有量が多いからともいえるでしょう。

カフェインが初めて発見されたのは１８１９年。ドイツの化学者ルンゲによってコーヒーから検出されました。

カフェインはコーヒーやカカオをはじめ60種以上の植物に含まれる天然成分で、1種のみしかありません。メチルキサンチン類という有機化合物群に属す白色柱状の結晶体です。同じメチルキサンチン類には、テオブロミンとテオフィリンがあり、茶にもごく少量が含有されています。

緑茶、紅茶、ウーロン茶のカフェインの含有量はおおよそ2～4%。もっとも多いのは玉露です。しかし、玉露は低温の湯で淹れるため、味覚では苦みが抑えられた茶になります。

また、カフェイン含有量と1杯当たりのカフェイン量も異なります。1杯当たりのカフェイン量でもっとも多いのは、抹茶の約64㎎。これは茶葉を抽出せず丸ごと味わうためです。続いて、紅茶は約51㎎、ウーロン茶は約24㎎。日本茶を調べてみると、玉露は約13㎎、煎茶約10㎎、番茶約23㎎、ほうじ茶が約10㎎となっています。玉露や煎茶は1杯当たりの量が少ないことも関係していますが、番茶や紅茶、ウーロン茶は熱湯で淹れるため、カフェインが抽出されやすいのです。また、それが茶のおいしさにも結びついています。

カフェインには熱水に溶出しやすいという特徴があり、85℃以上の熱湯に1分ほど茶葉を静置すると、カフェインの71%が溶出することが実証されています。熱湯で淹れたお茶は1煎目にもっとも多くカフェインが含まれていることになるわけです。この作用を利用することで、近年ブームのカフェインレス・低カフェイン茶の製造が可能になりました。ただし、カフェインを抜いた茶は、いささか物足りない味わいに感じられるかもしれません。

またカフェインは冷温時にカテキンと結合すると沈殿しやすく、紅茶ではよく「クリームダウン」という白濁が起こりますが、再び火を入れればクリアな紅茶の色が復活します（２０４ページ参照）。

最近は、カフェインが敬遠され、あまりよくないイメージが持たれていますが、かなりの過剰摂取など間違った摂り方さえしなければ、身体によい効果が多数期待できます。覚醒、興奮、利尿作用があるため、眠気を抑えて集中力を高め、二日酔いのときは頭をスッキリさせます。疲労回復や脂肪の燃焼にも効果があるといわれています。また、医薬品としては、鎮痛薬や総合感冒薬などがあり、市販の頭痛薬にも無水カフェインが含有されています。

4-4 ツウになれる「お茶のおいしさの表現」

よいお茶、悪いお茶をどう伝えるか

「お茶の香りやおいしさをソムリエのように言葉で伝えるには、どのように表現したらいいんですか?」

よくこのような質問を受けます。たしかに、お茶の香気や水色を人に伝えるのは難しさが伴います。そこで、ここでは、茶の品質を評価する際の審査用語を使って、水色、香気滋味を伝えるコツをご紹介しましょう。

言葉だけを羅列してもピンとこないという方のために、それぞれ「よいとされるもの」「悪いとされるもの」を示しながら、見ていきたいと思います。

(1) 水色

お茶の水色は、色相、明度、彩度、透明度、濃淡という色の性質とともに、濁り、茶碗の底に沈む沈《ちん》さ（沈んだ細かい葉や粉のこと）を見ます。色相には、「濃金色、赤み、黄色み、褐色、黒み、青黒み」といった表現を用います。カップの縁にゴールデンリング（黄金環／151ページ参照）ができる紅茶には「コロナあり」、沈さが多いときは「沈さ多し」とするのが、水色を示す際の独特の言い回しでしょう。

それぞれの茶で「よいとされる水色」「よくないとされる水色」は、次のように表現します。

玉露と煎茶でよいとされるのは「やや青みを帯びた黄色」で「濁りや沈さが少ない」もの。煎茶でよくないのは「黄緑色で濃度感のある」ものです。碾茶は「淡い黄緑色で赤みがなく、やや白濁して濃く感じる」ものがよいとされています。

深蒸し煎茶でよい水色は「煎茶よりも濃い黄緑色で、浮遊物によって青みを持った濁りのある」もの。よくないのは「透明で黄色い」ものや「濁りおよび沈さが極度に多い」ものです。

ウーロン茶は、「濃い橙色で、明るい色調」のものがよいとされています。包種茶は「やや橙色を帯びた黄色」で「色調に黒みが少なく、澄んでいる」もの。

紅茶は「鮮やかな橙赤色から赤紅色を呈し、透明」なものや「コロナが現れる」ものがよく、「水色の薄いもの」「黒褐色を帯びる」ものは好ましくありません。

（2）香気

お茶の種類によって香りの性質に違いはありますが、芳香、爽快感、強さ、調和などを見ます。香りは独特な表現が多く、よい香りのときは「新鮮香《か》」「みる芽香《めか》」「温和」「芳香」「釜香」「火香《ひか》」などを、あまりよろしくない香りのときは「葉傷み臭」「むれ臭」「焦げ臭」「硬葉臭《こわばしゅう》」「青臭《せいしゅう》」「油臭」などで表現します。「いちょう香」「かぶせ香」など、製造過程の言葉や、「湿り臭」「変質臭」といって湿気や質の変化を香りで表すのも、お茶ならではの表現方法ですね。

玉露や碾茶は、「深みのある覆い香を持つ」もの。煎茶は「爽快な若葉の香りを持つ」もの。深蒸し煎茶は「青臭が完全に抜けた甘涼しい香りを持つ」ものがよく、嫌われるのは「青臭（硬葉臭）、煙臭、油臭、むれ香、こげ香、湿り香、異物臭」です。

ウーロン茶でよいのは「ジャスミン、くちなしの花の香りを想わせる高い芳香に、樹脂香と釜香が調和」したもの。「焦げた香りの強いもの」はよくありません。

紅茶は「バラの花を想わせる芳香と、爽快な若葉の香り（新鮮香）とが調和」したものがよく、「刺激的な青香、過発酵により生じる酸臭、火香のあるもの」は質が劣るとされています。

（3）滋味

お茶の種類によって味の性質は異なりますが、爽快味、うま味、渋みの調和を見るのがポイントです。

うま味、コク、濃厚、渋みなどの一般的な言葉と、「収れん味」「覆い味不足」「移り味」などの独特な表現を組み合わせて表現するのが特徴です。「青臭み」「葉傷み味」「むれ味」「焦げ味」「変質味」「湿り味」など、先の香気を伝える際と同様の言葉も多く用いられます。

玉露・碾茶は「深いうま味、甘みと軽い渋みが調和して、口中にまろやかなこく味が残る」ものの、煎茶は「渋みとうま味が調和し、後味に清涼感を与える」ものがおいしいお茶です。深蒸し煎茶は「青臭みがなく甘涼しいうま味を持つ」ものがよく、「苦渋味のあるもの」は質が下がります。

ウーロン茶は「苦渋味がなく、口に含むと芳醇な芳香を伴った甘涼しいうま味を感じる」ものがおいしいお茶とされています。

紅茶は「強い渋みを持ち、芳香を伴った爽快感を感じる」ものがおいしく、「味の薄いもの、酸味、苦みのある」ものは味わいが劣ります。

（4）茶殻

お茶を淹れたあとの茶殻を見ても、質の良し悪しがわかります。ポイントは、原葉の形質、均一性、色合いです。

煎茶は「青々とした緑色で、葉の毛羽立ちがなく、組織がきれいに残っている」もの。ウーロン茶は「葉の周辺が赤銅色となり、中央部に緑色の残っている」ものがよいとされています。

紅茶は「生き生きとした赤銅色で、つやがある」ものがよく、「黒みのある」ものは発酵が不良な茶と判断されます。

第5章 お茶の「おいしい淹れ方」を科学する

煎茶を〝玉露〟にする方法

科学的な分析でわかってきた「お茶のもっともおいしい淹れ方のコツ」を伝授しましょう。実際に試してみれば、「お茶ってこんなにおいしかったの⁉」ときっと衝撃を受けるはずです。

5-1 おいしいお茶とはどんなお茶?

科学的に「おいしさ」を評価できるのか

お茶を「おいしい」と判断する基準は人それぞれで、口にした人の主観(味覚)に頼ったものです。目で楽しむ絵画、耳で楽しむ音楽などと同じように、味の「良い・悪い」や「好き・嫌い」は、科学よりは芸術の範疇で扱われる評価基準ではないかと思います。

しかし、赤みが強いなど水色の分析や、うま味の強さといった分析になると、科学で扱う問題となります。

茶の含有成分から見れば、第4章でお話ししてきたように、お茶の味には、アミノ酸(テアニン）の「うま味」、カテキンの「渋み」、カフェインの「苦み」の3つの要素が大きく関与しており、この3つがバランスよく含まれていると、人はお茶を「おいしい」と感じます。これをさらに科学的に分析できれば、誰にとってもおいしいお茶を作って淹れることができるようになるはずです。

近年では「味認識装置」という最新の味覚センサーを使うことで、実際においしさを科学的に追求できる時代になってきました。ここでは、その研究成果を中心にご紹介していきましょう。

現在、日本茶の「おいしさ」は、年に1度開催される「全国茶品評会」において決められています。その評価方法は、人の感覚による「官能審査」と検査機器を用いる「科学的審査」の2つがあり、官能審査は経験を積んだ審査員によって茶の等級付けがおこなわれています。その際、審査員が吟味するのは、茶葉の形状や色などの見た目（外観審査）と、お茶の水色、滋味と茶葉の香気などの質（内質審査）です。

たとえば煎茶部門の外観審査では、茶葉の形状がきちんと整い、光沢のある美しい濃緑色かどうか、ささくれ立っていないか、手のひらに載せたときに重量感があるか、爽快な若芽の香気や新鮮味のある香気があるか、水色は黄緑色で明るく澄み、透明度があるかなどを見ていきます。ささくれがあるということは、人でいえば「肌荒れ」を起こしているのと同じ状態であるため、評価は下がります。

内質審査では、滋味（甘み、渋み、苦みとうま味が適当な濃さで調和しているか、舌にまろやかに当たり、のど越しがよいか、口の中に清涼感を与えるかなど）がチェックされます。

官能審査では、味だけでなく、外見なども含めて総合的に評価されるため、科学的に見た茶成分とは比例していない場合があります。とくに近年は、お茶の製造技術の進歩によって茶葉の形状がだいぶ均一に仕上げられるようになり、優劣がつけにくくなってきています。それでも熟練した審査員の評価はじつに適切で、ある意味では科学的とも考えられるほど厳密に識別され、判定がおこなわれています。

しかしその一方で、人の感覚というのは非常に主観的なものでもあります。客観的な条件に左右される側面も少なからずあり、「おいしいお茶」の評価は、嗜好によって意見の分かれるところとなっているのが現状です。

味を科学的に測定する

近年、九州大学教授の都甲潔氏らの研究グループによって味認識装置（味覚センサー）が開発され、さまざまな飲料などの客観測定がおこなわれるようになりました。これは人の舌を模倣したセンサーで、５つの味覚を中心に分析できるのが特徴です。これまで人の味覚に頼らざるを得なかったのが、このセンサーを使うことで味の「見える化」、味の数量化ができるようになったのです。

たとえば味覚センサーでいろいろな食品や飲料を測定してみると、「碁石茶は赤ワインと味の測定データが似ている」ということが判明し、それを食品研究や商品開発などに活かせるようになるわけです。

すでにさまざまな分野でこの味覚センサーが採用されており、実際にビール、ミネラルウォーター、コーヒー、お茶、ミルクなどの開発研究の場では科学的な分析結果が活かされています。また、茶系飲料の世界でもこの味覚センサーが応用され、茶の栽培や製造条件によって味覚がどう変化するのか、とくに渋みについての研究がおこなわれ、商品化の際に利用されています。

ここではお茶を味覚センサーで測定することで、淹れ方の違いによるお茶の味の変化をパラメーター化し、お茶の味を可視化したいと思います。

（1）煎じ回数による変化

まず、煎じ回数による味の変化から見てみましょう。急須に煎茶３ｇを入れ、あらかじめ熱湯

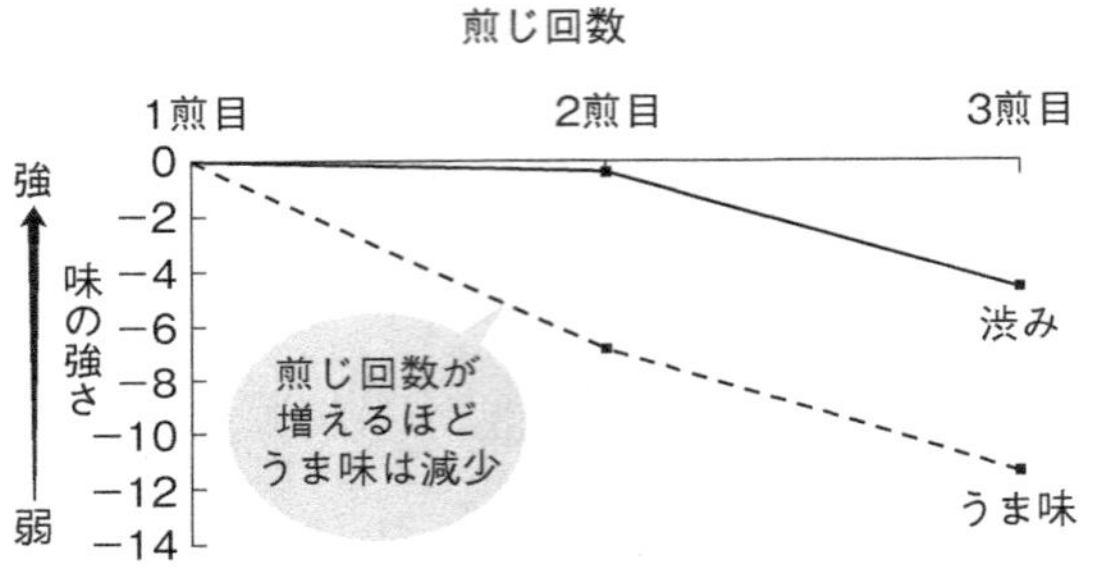

図5-1　煎じ回数による味の変化

煎じ回数が増えると渋みもうま味も減少するが、とくにうま味は大きく減少する。

「茶の淹れ方による呈味の味認識装置による評価」内山裕美子、大森正司ら／日本調理科学会誌 vol.46,No4,1~6(2013)より改変

を入れて温めておいたメスシリンダーで180mLの熱湯（100℃）を急須に加え、2分間蒸らします。茶葉を取り除いた抽出液（茶）を1煎目としました。この茶葉（茶殻）にさらに新たに熱湯を180mL加え、2分間蒸らして2煎目、同様に3煎目と順に作ります。

続けて、②蒸らし（抽出）時間を変化させた場合、③茶葉の量を変化させた場合、④同じ茶葉で温度を変えて淹れた場合として、人が飲み比べた場合と、味覚センサーでの測定の2つをおこないました。その結果は、図5-1〜4に示したとおりです。

①煎じ回数を増やして顕著に表れたのは、アミノ酸（うま味）、カテキン（渋み）含量の減少です。図5-1のように、1煎目より2煎目、2煎目より3煎目と、煎じ回数が増えるたびに「うま

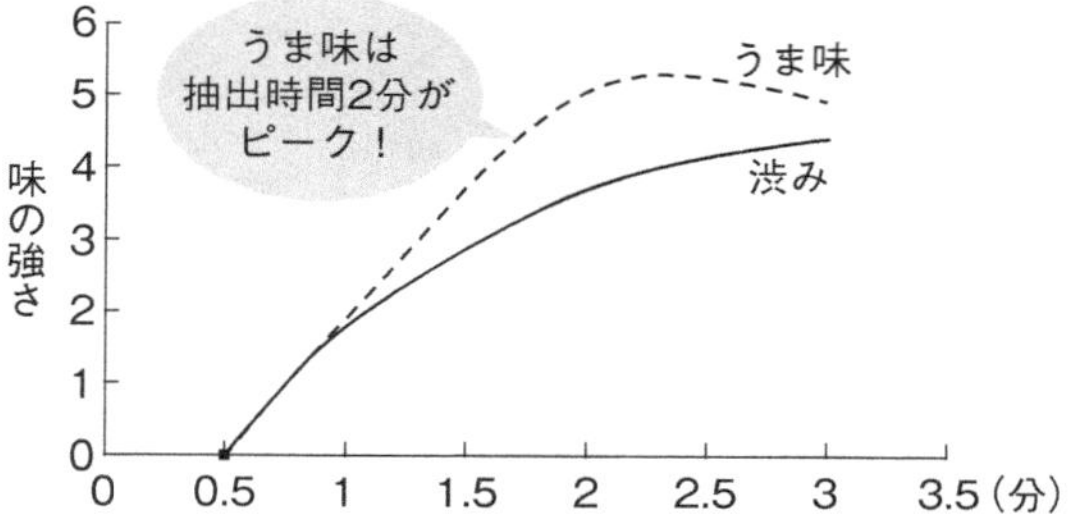

図5-2　蒸らし時間による味の変化

渋みは蒸らし時間とともになだらかに上昇し、うま味は２分でピークとなる。

「茶の淹れ方による呈味の味認識装置による評価」内山裕美子、大森正司ら／日本調理科学会誌 vol.46,No4,1~6(2013) より改変

味」も「渋み」も減少しました。

とくに、「うま味」は直線的に急減していますが、これはうま味成分（アミノ酸類）が水に溶けやすい性質を持つためです。そのため、煎じ回数が増えるごとに直線的に減少したものと考えられます。

この結果からいえるのは、皆さんも日常的に感じているように、１煎目のお茶に一番うま味があり、２煎目、３煎目と煎じ回数が増えるにつれて、味もうま味も薄れていくということです。

⑵ 蒸らし（抽出）時間による変化

蒸らし（抽出）時間を変えて測定してみると、図５-２のような結果になりました。抽出時間は０・５分から何度も小刻みに計測したデータをグ

ラフにしています。

これで見ると、「うま味」と「渋み」のどちらも1分程度まで直線的に増加が認められましたが、以後、「渋み」はなだらかに増加し続け、「うま味」は2分まで増加することが示されました。

これも、うま味成分（アミノ酸類）は水に溶けやすいため短時間で抽出され、渋み（カテキン類）はより高温で抽出されるため、抽出時間が長くなるにつれてなだらかに増加していったと考えられます。

つまり、普段お茶を淹れるときも、うま味と渋みをバランスよく抽出できるのは2分程度の蒸らし時間であり、それより抽出時間が長くなると、渋みが際立った味わいになるとわかります。

渋みよりうま味のほうが立ち上がりが早いため、渋いお茶が苦手な人は、蒸らし時間を2分弱に、パンチの効いた味が好みの人は、蒸らし時間を2分以上にするとよいということになります。

（3）茶葉量による変化

次に、茶葉量の違いによる変化を測定しました。熱湯を注ぎ、蒸らし時間1分でデータを取ると図5-3のような結果となり、「うま味」と「渋み」に大きな差が生じています。

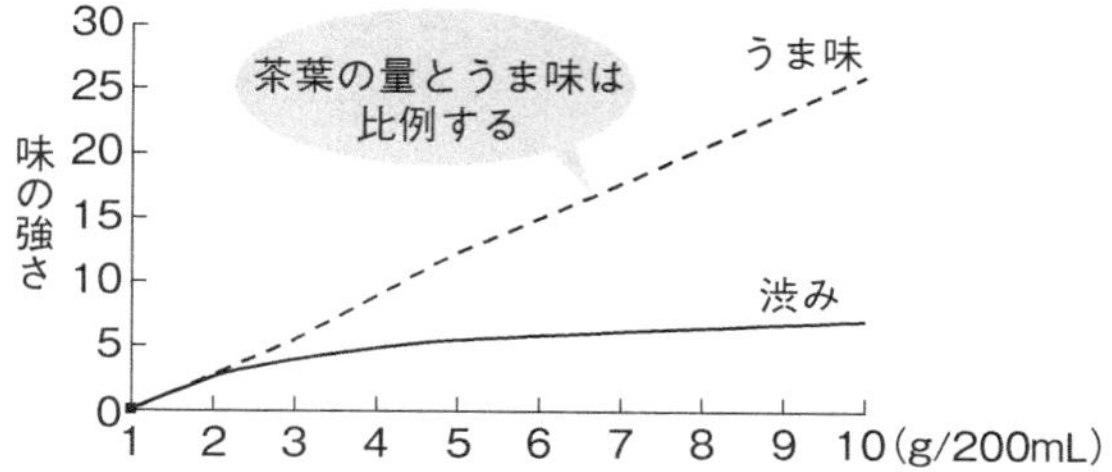

図5-3　**茶葉の量による味の変化**

うま味は茶葉の量に比例して増加するが、渋みは５g以上ではほとんど増えない。

「茶の淹れ方による呈味の味認識装置による評価」内山裕美子、大森正司ら／日本調理科学会誌 vol.46,No4,1~6(2013) より改変

茶葉の量が２gまではうま味、渋みともに同量で増加します。その後、茶葉量が10gまで増えるにつれて「うま味」は右肩上がりで直線的に増え、「渋み」は５g以降は微増で維持する結果となりました。茶葉を増やしても、カテキンはそれほど溶け出さないとわかります。

これは、普段飲むときは、茶葉が多いほうがうま味が強いお茶になり、渋さはそれほど変わらないことを意味しています。つまり、この抽出方法なら番茶でも茶葉をたっぷり使って淹れれば、渋みを抑えたおいしいお茶になるということです。

（４）お湯の温度による変化

最後は、同じ茶葉３gでお湯の温度を変えて淹れた場合です。

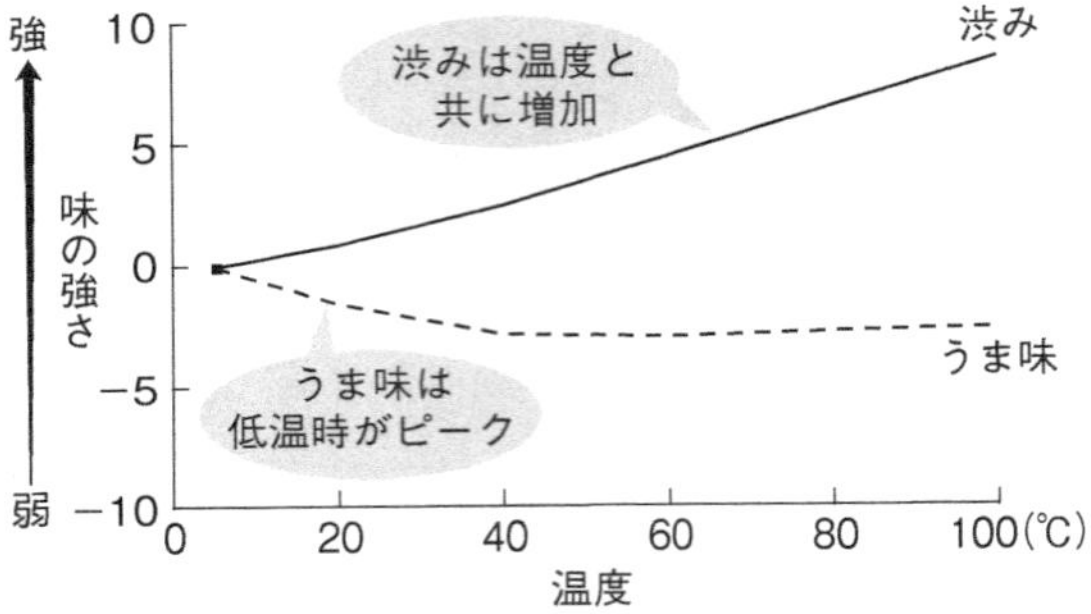

図5-4　お湯の温度による味の変化

温度とともに渋みは増加するが、うま味は40℃まで減少し、その後は横ばいとなる。

「茶の淹れ方による呈味の味認識装置による評価」内山裕美子、大森正司ら／日本調理科学会誌 vol.46,No4,1~6(2013)より改変

その結果、「渋み」は湯温の上昇とともにぐんぐん増加していきましたが、対する「うま味」は40℃まで減少し、その後は、湯温が上がっても横ばいの数値となりました（図5‐4）。

これを踏まえると、カテキンは湯温の上昇に比例して増加していくのに対し、アミノ酸は水に溶けやすく、水温が低いぬるま湯の段階でほぼ抽出され尽くしてしまっているため、同じ茶葉を使う場合は、あとからいくら熱湯を注いでも「うま味」は出きってしまっているので増えないということになります。

茶葉を増量して実験してみても結果に大差はありませんでした。これは、はじめに温度の低い湯でお茶を淹れてしまうと、あとは渋みだけが強いお茶になってしまうことを示しています。

またその一方で、水出しでも十分にうま味と渋

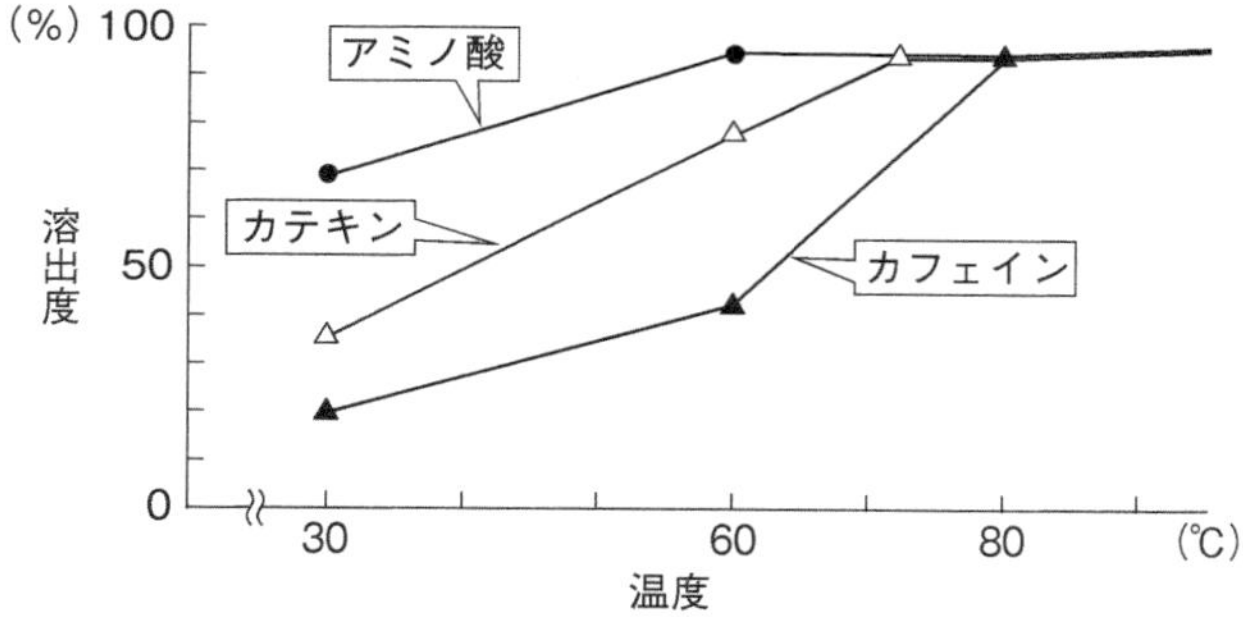

図5-5　温度で変わるカフェイン、カテキン、アミノ酸の抽出量

テアニンなどのアミノ酸は低温から抽出されるが、カテキンやカフェインは高温になるほど抽出量が増える。
著者の実験データをグラフ化

みが出ることがわかったため、同じ茶葉を使って淹れる場合は、低い温度で何煎も淹れるよりも、丁寧に水出しのお茶を淹れて1煎目をじっくり味わうほうが、よりおいしいお茶に出会えるということになるでしょう。

実際、アミノ酸やカテキンの含有量をそれぞれの温度で測定してみると、味覚センサーでの実験パターンと同様の傾向が示されました。

なお、この味覚センサーでは「苦み」に対してあまり反応がよくないため、苦み成分のカフェインに関しては分析されていません。

しかし、カフェインは80℃以上のお湯で淹れると抽出量が多くなることがわかっています。淹れ方にもよりますが、カフェインは、湯温と蒸らし時間に比例して多くなることが化学分析の実験データからも明らかになっています。

図5‐5に、湯温とともにお茶の成分がどの程度溶出するかを示しましたが、カフェインは80℃くらいでもっとも多く抽出され、カテキンは70～80℃以上、アミノ酸は60℃以上の湯で淹れたときにもっとも多く抽出するのです。

こうした結果を踏まえて、次節ではおいしいお茶の淹れ方をご紹介しましょう。

5-2 緑茶のおいしい淹れ方

種類によって、温度も時間も変える

本書のはじめに「お茶のフルコースの味わい方」をご紹介しましたが（4ページ〜参照）、緑茶は種類によっておいしく淹れるコツがあります。ごく簡単なことですが、基本を踏まえているか否かで、舌の上で感じる味は違ってきます。緑茶は、自分で楽しむことも、来客にふるまう機会も多いものなので、ぜひおいしい淹れ方を覚えておきましょう。

使用するお湯の温度は、お茶によって適温が異なりますが、おいしいお茶を淹れるには、どんなお茶でも必ずケトルや鉄瓶を使って一度沸騰させて使ってください。また、湯を沸かす際に鉄瓶を使えば、お湯の温度が比較的安定し、おいしいお茶を淹れることができます。

家庭に温度計がない場合は、湯冷ましや茶碗をうまく使ってお湯の温度の感覚をつかむといいですね。沸騰した湯をケトルから湯冷ましに移すと、湯温は約10℃下がります。それを茶碗に移すと、さらにまた約10℃下がります。

容器に移し替えるたびに湯温は約10℃下がると想定して、そのお茶に合った適温にしてください。また、急須やティーポット、茶器は、淹れたお茶が冷めないように、あらかじめ8分目まで熱湯を注いで温めておくとよいでしょう。茶道具は、さまざまな形やデザインのものが出ていますが、日本茶を淹れる急須は茶こしと一体化したものが使いやすく、茶葉の成分をしっかり抽出することができます。

茶葉は1杯当たりの分量を示したので、複数分を用意するときは、人数分をかけて算出してください。なお、ここでご紹介する方法は一つの目安なので、茶葉の量や蒸らし時間はお好みで調整してみてください。

また、急須のお茶を複数の茶碗に注ぐときは、色や味に濃淡が出ないように、少量ずつ均等に注ぐようにしましょう。急須に入れたお湯は、必ず最後の一滴までしっかり注ぎ切ってください。それが2煎目以降もおいしくいただくコツです。多少でもお湯が残った状態で急須を置いておくと、その間、茶葉に含まれる成分が抽出され続け、余計な苦みや雑味が出る原因になります。

(1) 玉露 ～低温でじっくり、うま味を楽しむ

用意するもの（1人前）

・茶葉　2～3g（ティースプーン1杯で2g程度）
・お湯　20～30mL（50～60℃）
・湯冷まし、小さめの急須、小さめの茶碗（美しい水色が引き立つ白磁が最適）

口中に広がるトロリとしたうま味と、のどの奥から感じる爽快な香気を楽しめるのが、日本茶の高級品、玉露の醍醐味です。茶葉を摘む予定日の20日以上前から太陽光をさえぎって栽培され

ることで、茶葉のクロロフィルが2倍以上に増加し、葉の緑色は濃くより鮮やかに。うま味成分のアミノ酸の中でもテアニンが１・５倍以上増え、カテキンは2分の1以下に減少するため、渋みがマイルドに変化します。「覆い香」と呼ばれる玉露や抹茶らしい独特な青い香気と、透明感ある淡い黄緑色の美しい水色も存分に堪能しましょう。

①沸騰させたお湯を茶碗、急須に入れて温めておきます。
②急須の湯を湯冷ましに入れ、また急須に移し替え……と繰り返し、湯温を50〜60℃まで下げます。
③急須に茶葉を入れ、湯冷ましの湯を注いで蓋をし、2分蒸らします。
④温めておいた茶碗に注ぎます。最後に急須を上下に小さく振って、お湯を一滴残らず注ぎ切りましょう。2煎目は60℃のお湯を20〜30mL入れ、蒸らし時間は1分程度にします。

（2）煎茶　〜淹れ方で味が大きく変わる奥深さ

用意するもの（1人前）
・茶葉　2〜3g（ティースプーン1杯で2g程度）
・お湯　70mL（70℃）

・湯冷まし、急須、茶碗（美しい水色が引き立つ白磁が適する）

日常的にもっともよく飲まれているスタンダードともいうべきお茶が煎茶です。5月の一番茶の茶葉を用いて作られ、淹れ方によって、限りなく玉露の風味に近づけることもできれば、番茶に近い味にもなるという懐深さが、煎茶の魅力でもあります。

近年は、従来の煎茶よりもきれいな緑色が出て、まろやかな味わいの「深蒸し煎茶」が好まれるようになりました。通常の2〜3倍長く蒸して茶葉を軟らかくし、形状も小ぶりに製造されているため、お湯を注ぐとすぐに葉の組織がこわれて成分が溶出し、色もうま味も出やすいのが特徴です。

①沸騰させたお湯を茶碗に入れて温めておきます。

②急須に茶葉を入れ、お湯を注ぎ、蓋をして蒸らします。一番茶のうま味や甘みを引き出したいときは70℃前後の低めのお湯で淹れて2分（深蒸し煎茶の場合は1分）。渋みや苦みを利かせてさっぱり飲みたいときは90℃前後の熱めのお湯で淹れて1分蒸らします。また、新茶や高級煎茶は低めのお湯で、並の煎茶なら熱めのお湯でと、茶葉のグレードによってもそれぞれのよさを引き出す淹れ方で楽しむことができます。

③温めておいた茶碗に注ぎます。最後に急須を上下に小さく振って、お湯を一滴残らず注ぎ切

ってください。２煎目はそれぞれ1分ほど短く蒸らしていただきましょう。

(3) 番茶　～爽やかな味を楽しむには、茶葉も湯もたっぷりと

用意するもの（1人前）

・茶葉　５g
・熱湯１００～１５０mL
・土瓶、茶碗

番茶は、地域によって前後しますが一般的に7月上旬に収穫する二番茶、8月に収穫する三番茶の葉を使って製造されます。夏の強い日差しを浴びて育った茶葉は、一番茶に比べると芽の伸びが多少小さくなりますが、形状はやや硬めでしっかりしています。その分、淹れた際に茶成分の抽出に時間を要するため、番茶には熱湯を使用します。

おいしく淹れるには、大きめの急須を用意し、茶葉もお湯もたっぷり使いましょう。番茶は、渋みの素となるカテキン類が多く、うま味の素となるアミノ酸の含量は少なめです。そのため、熱湯を注ぐと、シャキッと目がさめるような渋みや苦みが立った爽やかな味のお茶になります。

番茶らしい香ばしい香気を引き出すには、熱湯を一気に注ぐことがポイントです。蒸らし時間は、お好みで1～2分程度。渋い味が苦手な方は、少なめの茶葉に多めのお湯を注ぎ、蒸らし時間を短くしましょう。日頃、どれだけお茶を飲んでいるか、味の好みによって、淹れ方を調整できるのも番茶の楽しさです。

茶碗は、厚みや深さがあり、温度が冷めにくい陶器製のものがおすすめです。

(4) ほうじ茶　～熱湯でサッと淹れて香ばしさを味わう

用意するもの（1人前）

- ・茶葉　2g
- ・熱湯100～150mL
- ・土瓶、茶碗

煎茶や番茶を強火で炒って香ばしい香気を出したほうじ茶は、カフェインやカテキンが少ないので、胃にやさしく何杯でも飲めてしまうお茶です。番茶以上に味がマイルドで、食事中、食後にもよく合います。苦みや渋みの少ない、さっぱりした味わいも、ほうじ茶の特徴ですね。また料理用として煮物の汁として利用することもできます。

お茶のうま味成分の代表であるテアニンは、番茶の30分の1以下に、グルタミン酸などは約10分の1に減少していますが、香気成分は反対に番茶の2・5倍にも増加しています。さらに、渋み成分であるカテキン類は加熱によって酸化重合し、着色物質や不溶性成分になるため、香気がよく、さっぱりした味わいになるわけです。

淹れ方は番茶と同様で、熱湯を一気に注ぎます。ただし香気が命のお茶のため、番茶ほど茶葉の量は必要なく、2gで十分。蒸らし時間は30秒ほど。1分まで待つと、香気成分が飛んでしまい、もともと少ないカテキンが前面に出てきてしまうので、さっと淹れて飲みましょう。

アイスティーにしてもおいしく飲めますが、その際は、グラスにたっぷり氷を入れた中に一気に注ぎ、香気が飛ばないよう急速に冷やしてください。

お茶屋さんで購入する場合は、それぞれのお店ごとに独自の炒り方をして香気を立たせているので、いろいろ試して好みの香りのものを見つける楽しさがあります。

また、家庭で古くなった煎茶を炒って、ほうじ茶を作ることもできます。ただし、その場合は、油分が残っていない鍋を使いましょう。ポイントは、強火で鍋を振りながら香気を立たせること。茶葉が焦げると、焦げ風味のほうじ茶になってしまうので注意しましょう。

熱湯を注ぐお茶なので、茶碗は番茶同様、ある程度の厚みや深さがあり、熱が伝わりにくく逃げにくい形状のものがおすすめです。

(5) 抹茶 ～スピードが命。手早く点てて粋にいただく

用意するもの（1人前）

・抹茶 1.5g（茶杓1杯分程度、小スプーンだとこんもり載せたものの2分の1杯程度）
・熱湯 50mL
・抹茶茶碗、茶筅

茶道で使われることでおなじみの抹茶は、玉露と同じ製法で直射日光をさえぎって栽培した生葉から作られます。ただし製造工程は異なり、「揉み（揉捻）」の工程をおこなわずに乾燥させます。できあがった茶は碾茶といい、これを石臼で挽き、粉末状にしたのが抹茶です。茶葉を丸ごと飲めるため、カテキンやアミノ酸、ビタミンA、B_1、Cが豊富で、最近では健康・美容効果が注目されています。

抹茶は、茶葉とお湯を茶筅で泡立てて飲むお茶ですが、その飲み方には、「薄茶」と「濃茶」の2種類があります。薄茶は銘々で飲み切るお茶であるのに対し、濃茶はたっぷりの抹茶を練る

ように点て、複数人で回し飲みをするという作法の違いがあります。

ここでは、家庭でも楽しめる一般的な薄茶の点て方をご紹介しましょう。

薄茶の点前には美しい所作があり、ゆったりといただく優雅なお茶ですが、科学的に見ると抹茶は酸化しやすい粉末で、熱湯を入れて時間が経つにつれカテキンが多く抽出されて渋くなってしまうことから、じつは、点てる側も飲む側も〝スピードが命〟のお茶でもあるのです。

口当たりよくおいしく点てるコツは、「抹茶がダマにならないように手早く混ぜること」に尽きます。そのために、抹茶缶から出した抹茶がダマになっているときは、あらかじめ茶こしやふるいにかけておきましょう。

①ふるいにかけた抹茶を抹茶茶碗に入れ、端から静かにお湯を注ぎます。茶碗の縁を片手でしっかり押さえたら、茶筅を垂直に立てて茶碗の底に付け、抹茶を潰すように1～2回「の」の字を書きます。

②その後、手首のスナップを利かせて縦に小気味よくリズミカルに茶筅を動かしてください。目安は、抹茶が空気を含み、全体にきめ細かい泡ができるまでです。

③細やかで綺麗な泡が立ったら茶筅の動きを止め、再び「の」の字を書いて垂直に引き上げます。

抹茶茶碗を選ぶときは、左の手のひらで茶碗の底（高台）を包むように持ち、右手を添えて手にしたときにおさまりがよいものがおすすめです。代用する際は、カフェオレボウルなど、できるだけ底面が平らでやや深みがあり、横に広がりのある厚めの茶器を使いましょう。

茶筅は必ず使うので、ひとつ用意しておくと、いつでも気軽に薄茶を楽しむことができます。茶筅は消耗品のため、穂先が折れたり、短くなってきたら買い換え時の目安です。

なお、抹茶は劣化が早いので、購入する際は小さめの缶を選び、常温で密封保存をしてできるだけ早めに飲み切るようにしましょう。

（6）とっておきの「しずく茶」を味わう

福岡県八女市の星野村には、３００年前から伝わる「しずく茶」という伝統的な玉露の飲み方があります。蓋碗《がいわん》という蓋付きの茶碗（図５-６）に少量のお湯を注いで中国茶のようにたしなむお茶で、玉露のもつふくよかな香気と甘みを贅沢に味わえます。

玉露の茶葉はビタミンCやミネラルが豊富で、一番茶のみずみずしい上質な新芽が使用されています。したがって、4煎目まで1煎ごとに繊細に変わっていく風味を楽しみ、最後には残った茶葉までおいしく食すことができるという、非常に広がりのある味わいを堪能できます。

玉露がない場合は、煎茶で試してみてもいいですね。煎茶でも十分、普段とは違ったおいしさを発見できると思います。1煎ずつゆったりとした気持ちで飲み比べ、自分好みの味を見つけてみてください。

図5-6　しずく茶を味わう蓋碗

蓋をしたまま、少しずらして中のお茶をすするようにいただく。蓋碗は中国茶など香りを楽しむお茶でもよく使われる。

用意するもの（1人前）

・玉露　4g（ティースプーン2杯程度）
・お湯　1煎目：20mL（45℃前後）、2煎目・3煎目：30mL（60℃）、4煎目：150〜200mL（80℃）
・蓋付きの浅めの茶碗

①茶碗に直接玉露の茶葉を入れ、45℃前後に冷ましたお湯20mLを外側から静かに注ぎ入れ、蓋をして約90秒待ちます。蓋を押さえて少しずらし、隙間からわずかに流れ出るお茶のしずくをすするように味わいます。

② 2煎目、3煎目は、60℃のお湯を30mL注いで20秒置き、同様にお茶をすすります。
③ 4煎目は、80℃のお湯をたっぷり注いで味わいましょう。

1煎目は、玉露らしいまろやかな甘みと深いコクが口の中いっぱいに広がります。茶葉の含有成分は徐々に減少していきますが、2煎目以降は2段階で温度を上げて熱めの湯を使うことでカテキンやカフェインをうまく抽出し、杯を重ねるごとに今度は爽やかな香気や落ち着きのある苦み、渋みを楽しむことができます。

お茶を存分に楽しんだあとは、その茶葉を小皿に取り出し、酢醤油をかけて玉露のうま味を余すところなくいただきましょう。

5-3 紅茶のおいしい淹れ方

高いところから注ぐのは意味がない？

紅茶には、ダージリンやアッサムなど産地別に収穫されたエリアティーと、紅茶メーカーが数十種の茶葉を混ぜて独自に配合したブレンドティー、フルーツや花の香気を加えたフレーバーティーがあります。

缶や箱に「ＯＰ」「Ｄ」などと書かれているのを、一度は目に止めたことがあるのではないでしょうか。紅茶の品質を示していると思っている方も多いようですが、これは葉の大きさや見た目を表す等級区分（リーフグレード）です（55ページ、表1‐5参照）。たとえば「ＯＰ」とあればオレンジペコーを意味し、茶葉は強くねじられた細かい針状の長い葉で、柔らかい若葉と芯芽からなる、などということがわかるのです。

科学的に見ると、紅茶の滋味は爽やかなカテキンの渋みが特徴で、緑茶のようなうま味はありません。紅茶の水色、香気、渋みの３つのハーモニーが五感を刺激すると、人は「おいしい紅茶」と感じるのです。

イギリスの伝統的な紅茶の淹れ方は「ゴールデン・ルール」と呼ばれ、紅茶をおいしく淹れるには「茶葉の量を正確に量って熱湯で淹れ、ポットを使って蒸らすこと」が基本とされています。ポイントは、大きな気泡がブクブク上がるまでしっかり煮立たせた熱湯を使い、ポット内で茶葉を対流させること。これを「ジャンピング」といいます。

ポットに入れた熱湯は温度が低下し始め、熱い湯はポットの上部へ上がり、温度が低下してきた湯はポットの底へ沈み込むため、ポット内で対流が生まれます。茶葉がその対流に乗って上下に激しく動くことでよく茶葉が開き、しっかり茶成分が抽出されるのです。

揮発性成分は温度が高いほうがよく表出するため、熱湯で淹れるほうが香気成分は抽出されやすくなります。同時に、渋み、苦み成分も抽出されますが、それが紅茶の味の特徴でもあり、紅茶らしい「パンチのある風味」につながっています。

では、なぜしっかり沸かした熱湯を使うことが重要なのでしょうか。それは、温度の低い湯で淹れてしまうと、生じる温度変化が小さいためジャンピングが起こらず、茶成分が十分に抽出されないためです。紅茶は、淹れる湯温によっても味が大きく左右されてしまうのです。

また、「熱湯を高い位置からポットに入れたほうがいいのですか?」との質問をよく受けますが、その必要はまったくありません。ポットまでの距離が長い分、湯温が低下してしまうからです。ジャンピングは使用するお湯の温度変化によって生じる対流であって、お湯を高い位置から注ぐことで起こしているものではないのです。ですから、ごく普通に注いでいただいて結構です。

できあがった紅茶をティーポットからカップに注ぐときも同様です。高い位置から入れる所作は科学的には意味がなく、パフォーマンスに過ぎないのです。高い位置から注ぐことで、紅茶の味がおいしく変化することはありません。

なお、蒸らし（抽出）時間は、茶葉の大きさによって異なります。茶葉の大きいものは長め、小さいものは短めです。先ほどの区分表示で言えば、「ＯＰ」や「ＢＯＰ」と書かれているものは長めの３分で、「ＢＯＰＦ」や「Ｆ」「Ｄ」とあるものは小ぶりで細かい茶葉なので２分程度でよいでしょう。また、ティーバッグはさらに茶成分が抽出されやすいＣＴＣ製法（１１８ページ参照）で作られているため、１分を目安にしてください。

では、続いて紅茶の代表的な淹れ方をご紹介していきましょう。

（１）ストレートティー

用意するもの（１人前）

・茶葉　３ｇ（茶葉のグレードなどにもよるが、ティースプーン１杯程度）
・熱湯　２００mL
・ティーポット、茶こし

茶葉の個性を楽しみたい方には、ストレートティーがおすすめです。紅茶の魅力はなんといっても、美しい水色。純白のティーカップに注ぐと、鮮やかな紅色になるものがよく、上質な紅茶はカップの縁に沿ってゴールデンリング（151ページ参照）ができます。

①ケトルや鉄瓶で多めに湯を沸かします。ボコボコと大きめの泡が出てくるまで沸騰させましょう。ティーポットとカップに熱湯を注いで温めておきます。

②ティーポットの湯を捨て、約3gの茶葉を入れ、そこに一気に熱湯200mLを注ぎます。

③ティーポットに蓋をして蒸らします。水色が出始めても紅茶のうま味成分を抽出するには時間を置く必要があります。ポットの中でジャンピングした茶葉がゆっくりと底に沈んだら茶葉が開いた合図です。

④茶こしで漉しながら、ティーカップに注ぎます。

(2) ミルクティー

用意するもの（1人前）

・茶葉　3g（茶葉のグレードなどにもよるが、ティースプーン1杯程度）
・熱湯　200mL

・牛乳　テーブルスプーン１杯（量はお好みで）
・ティーポット、茶こし
味に渋みや深みがあり水色の濃い紅茶は、牛乳を加えてミルクティーにしてみましょう。近年、イギリスなどでは紅茶を少し濃く抽出して、１対１の割合で牛乳を加えて飲まれています。お湯と牛乳を１対１の分量で片手鍋（ミルクパン）に入れて煮出す方法もありますが、紅茶本来の上品な水色や香気を楽しむなら、最後に少量の牛乳を加える方法がおすすめです。なんともいえない美しい乳赤色を楽しめます。

①２０１〜２０２ページに記した方法でストレートティーを淹れます。
②ティーカップに注いだあと、テーブルスプーン１杯分の牛乳を入れて、さっとかき回します。美しい乳赤色に変わる様子と紅茶の強い香気を存分に楽しみましょう。
③砂糖はそのときの気分でどうぞ。

生クリームやコーヒークリームは脂肪分が高すぎて、紅茶の風味を損ないます。ミルクティーは牛乳を使いましょう。少量なので牛乳は温めずにそのまま加えて大丈夫です。

ミルクティーに向く紅茶の銘柄は、アッサム、セイロン、ケニア、バングラデシュなど。水色の濃い紅茶のほうが視覚的にもおいしく楽しく味わえます。

(3) アイスティー

用意するもの（1人前）

・茶葉　5g（茶葉のグレードなどにもよるが、ティースプーン1杯半程度）
・熱湯　200mL
・ロックアイス
・ティーポット、茶こし、グラス

夏にはアイスティーがよく好まれます。紅茶本来の味と香気を活かしたアイスティーを作るには、熱い紅茶をたっぷりの氷が入ったグラスに注ぎ入れ、一気に冷やすことがポイントです。紅茶をゆっくり冷やすと、紅茶の中のタンニンとカフェインが結合して、水色が白く濁る「クリームダウン」が起こってしまいます。

きれいな水色が出る紅茶は、セイロン、アッサム、ケニアなどですが、セイロンとアッサムはカテキンの含有量が多く白濁を起こしやすいので、基本をおさえて作りましょう。

① 茶葉5gに熱湯200mLを入れて2分ほど蒸らし、濃いめに淹れます。

②氷をたくさん入れたグラスに、紅茶を一気に入れてサッとかき回せば、美しいアイスティーのできあがり。

熱々の紅茶を入れるので、氷はクラッシュアイスではなくロックアイスを使いましょう。もし、クリームダウンが起こったら、もう一度温めれば白い濁りは消えてなくなります。ただし、何度も温めると香気が飛んでしまうので、温め直すのは一度だけにしておきましょう。お酒が飲める方なら、ブランデーやラムなどのアルコールを加えても、白濁を消すことができます。

(4) ティーバッグでおいしく淹れる

用意するもの（1人前）

・ティーバッグ　1袋
・熱湯　160mL
・ティーカップ

時間のない朝や仕事の合間のティーブレイクに手軽に淹れられるのが、ティーバッグの魅力です。最近は、リーフティーと変わらない味が楽しめるように、さまざまな工夫が施され、ティーバッグそのものも大きく進化しています。

ティーバッグに使われている茶葉の多くは、短時間で茶成分の抽出ができるようにCTC製法という最初から細かい茶葉を作る方法が取られています。

おいしく淹れるポイントは2点。①カップにお湯を注いでからティーバッグを入れてしっかり蒸らすこと、②むやみにティーバッグを振ったりスプーンで絞ったりしないこと。

ティーバッグ1袋で楽しめるのは1煎が基本です。水色が出ても2煎目は十分にうま味が抽出されないため、1杯ごとに新しいティーバッグで楽しみましょう。
①沸騰させたお湯をティーカップに注ぎます。
②ティーバッグをカップに入れ、約1分蒸らします。ティーバッグがカップに入った状態でお湯を注ぐと、余計な空気が入って味や香気が出にくくなってしまいますので、お湯を注いでからティーバッグを入れましょう。
③ティーバッグをカップの中で静かに2回振り、スッと引き上げて取り出します。ティーバッグを何度も振ったり、スプーンで絞ったりすると、エグみや苦みの原因になります。

5-4 ウーロン茶のおいしい淹れ方

香りをしっかり楽しむ工夫

中国茶は青茶や黒茶など茶の種類によってさまざまな淹れ方や飲み方があり、使用する茶道具もおもてなし用の工夫《くんぷー》茶器をはじめ、急須の役割もする蓋付きの蓋碗や、お茶の味と香気を楽しむ小さな茶碗の茶杯・聞香杯《もんこうはい》、茶葉が開いていく様子を目で楽しむガラスポットなど、変化に富んでいます（図５‐７）。

家庭にある急須やティーポットや茶碗で代用しても構いませんが、専用のポットや茶器があるほうが、そのお茶の滋味や香気を存分に引き出し、中国茶らしい情緒も味わうことができます。

図5-7　中国茶のさまざまな道具
もてなしに使う工夫茶器のセット。右側に置かれたセットが、香りを嗅ぐための聞香杯（右）と茶杯（左）。

ひとつずつ茶道具を揃える楽しさも、中国茶の魅力のひとつでしょう。

ウーロン茶は、小さな茶壺《ちゃふー》というポットで淹れ、香気を存分に堪能したいときは茶杯・聞香杯を、たっぷり飲みたいときは蓋付きの茶碗を使います。

用意するもの（1人前）

・茶葉　3～4g
・熱湯　150～200mL
・茶壺、茶碗（茶杯・聞香杯）

①熱湯で温めた茶壺に茶葉を入れ、熱湯を注ぎます。

②蒸らし時間は3分。釜炒り茶は、揉む工程がなく葉の組織がしっかりしているので成分の抽出はゆるやかです。この間に熱湯で器を温めます。

③聞香杯にお茶を注ぎ入れ、茶壺から最後の一滴まで出し切ります。すぐに茶杯をかぶせ、こぼさないようにしっかり持って、茶碗の天地をひっくり返して茶托に置きましょう。
④聞香杯をゆっくりと引き上げてお茶を茶杯に移します。
⑤親指を添えて両手で聞香杯を挟むように持ち、鼻に近づけて中の香気を吸い込むように嗅ぎます。まず香りを楽しんでから、茶杯のお茶をいただきましょう。
⑥再び茶壺に熱湯を注ぎ、２煎目を楽しみます。蒸らし時間は1分。茶葉が開いてくるので３煎目以降は30秒程度でよいでしょう。もっと蒸らし時間を短くすれば茶成分の抽出が抑えられるため何杯も飲むことができますが、この方法で5～6煎楽しめます。

中国茶は製造が古いほうがいいお茶だと思っている方が割と多くいらっしゃるのですが、それは誤解です。年代物の茶葉に高価な値段が付いているのはプアール茶など一部の黒茶に限ったことで、ウーロン茶を購入するときは緑茶と同様に新茶を選んでください。

台湾を代表する高級茶の「東方美人」は、発酵時間が長く紅茶のような味わいで、ハチミツとフルーツを思わせる甘い香気が特徴です。この独特の香気は、一説には梅雨の時期に浮塵子《うんか》という害虫が茶葉の新芽を噛み、唾液である化学反応が起きて生み出されるといわれています。これは葡萄の果皮がボトリティス・シネレアというカビ（菌）に感染することで糖度が高まり、芳醇な香気を生み出す貴腐ワインに近いものではないかと私は考えています。

ウーロン茶は銘柄によってまったく香気が異なります。ぜひいろいろ試してお気に入りの香りを見つけてください。

5-5 さらにおいしく飲むために

お茶に合う水は？

人間の舌は、何か食べたときに酸味が強いほうが「おいしい」と感じやすいといわれています。水に関してはどうかというと、「飲みやすい」とされているのは、酸性にもアルカリ性にも偏りがない中性の水。酸性に偏りすぎると酸っぱく感じ、アルカリ性に偏りすぎると苦みやぬめりを感じるようになるためです。

この尺度として使われているのが「pH」という水素イオン指数です。戦後、ドイツから入ってきた単位のため、長らく「ペーハー」と発音されていましたが、現在、日本の学校教育では「ピーエッチ」と読むことが義務づけられています。

pHは０から14までの数値で表され、真ん中の７が「中性」。７よりも数値が小さい水は「酸性」、７よりも数値が大きければ「アルカリ性」の水となります。

中性の水の代表格が水道水です。pHを測ってみると、地域によって多少の違いはありますが、日本の水道水はpH６・５〜７前後です。一方、世界各地の天然水を汲み上げたミネラルウォーターのpHは７〜10程度で、中性からアルカリ性の水が多くなっています。ちなみに、ペットボトルで販売されているアルカリイオン水はpH８・８〜９・４のアルカリ性です。

では、お茶に合う水はどのようなものなのでしょうか。特別に定義されていることはなく、私は水道水とミネラルウォーターのどちらを使ってもおいしく淹れられると思います。水道水は、以前はカルキ臭がするから煮沸するか前の晩から汲み置きして利用するとよい、などといわれていましたが、日本の水道水の質は格段に向上しました。

科学的には「どのような水で淹れたお茶をおいしく感じるのか」という詳しい分析はおこなわ

れていないのですが、専門家の味覚調査では「弱アルカリ性の水で淹れるほうがおいしい」と評価されています。

人間の身体の水分（体液）はpH7・4前後に保たれているため「身体にはpH7～8程度の弱アルカリ性の水がいい」とよくいわれますが、これと重なるのは偶然の一致ではないのかもしれないですね。

硬水か、軟水か

ただし、ミネラルウォーターを使う場合は、「硬度」にも注意する必要があります。水はpHだけでなく、カルシウムやマグネシウムの含有量を示す「硬度」によって「軟水」と「硬水」に分けられています。硬度はWHO（世界保健機関）の基準では、おおよそ60mg／L未満が軟水、～120mg／Lが中硬水、120mg／L以上が硬水、とされています。つまり、カルシウムやマグネシウムの含有量が少ないのが軟水、含有量が多いのが硬水です。

日本の水道水のほとんどは軟水で、国内のミネラルウォーターも軟水が中心です。欧米は硬水のため、海外のミネラルウォーターは硬水が多くなります。軟水はまろやかで飲みやすい水です

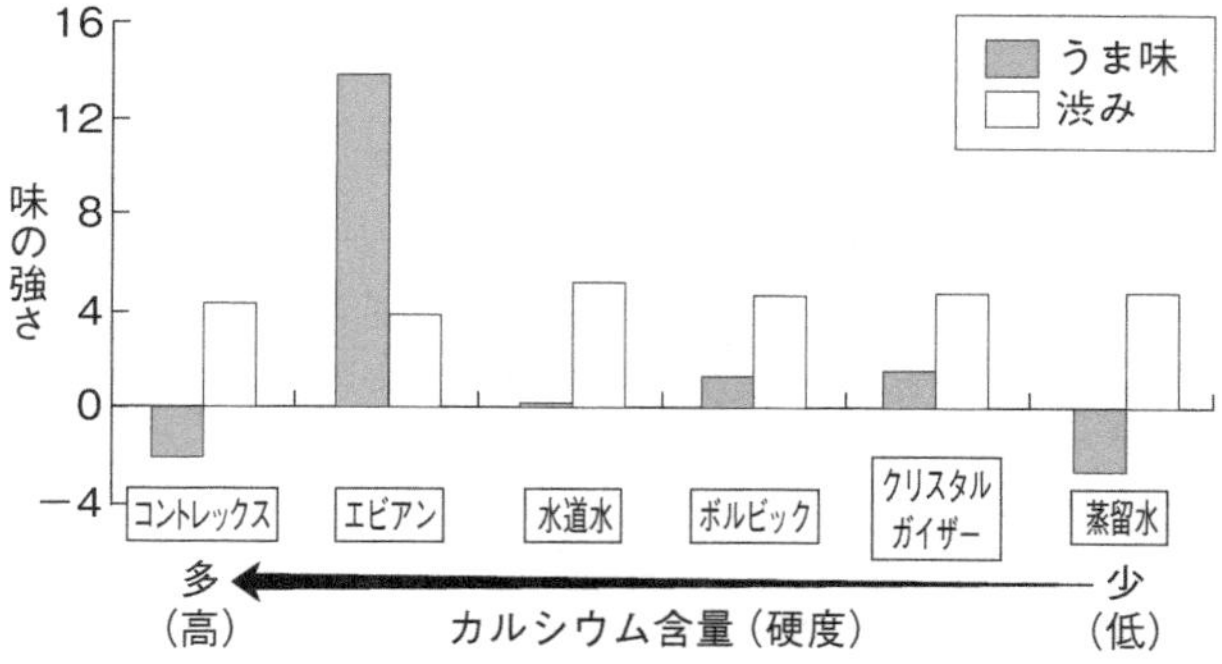

図5-8　水質はお茶の味にどう影響するか

硬度約304mg/Lのエビアンは、うま味や渋みがよく出ておいしいお茶を淹れられることがわかった。硬度約1468mg/Lのコントレックスや、蒸留水だとうま味の弱いお茶になった。

「茶の呈味におよぼす水質（特にCa）の影響と味認識装置による評価」内山裕美子、大森正司ら／日本調理科学会誌 Vol.47, No6, 320～325（2014）より改変

が、硬度が1000㎎に近くなるにつれてミネラル成分が多くてクセのある味になります。

そのため、長いこと「緑茶には軟水が適している」と言われていましたが、科学的に味のバランスを調べてみたところ、エビアン程度の硬度（約304㎎／L）であれば、硬水を使ったほうがおいしい緑茶を淹れられることがわかりました（図5-8）。ただし、コントレックスほど硬度が高い水は不適切ですね。

ミネラルウォーターにはpHや硬度の記載があるので、水道水やpH、硬度の異なるミネラルウォーターでお茶を淹れ、香気や味の違いを比べてみるのも楽しいのではないでしょうか。また、飲料用の温泉水も一般

的に弱酸性が多いため、おいしいお茶が淹れられます。

お茶の保存方法

あらゆる食品を保存するときの鉄則は、①温度を下げる（微生物の繁殖を防ぐ）、②空気を遮断する（酸化を防いで、臭いを遮断し、色も保つ）、③光を遮断する（色と品質を保つ）の3つです。そのため、お茶に適した保存方法は、密封容器に入れて冷蔵庫へ、大量にある場合は未開封のまま冷凍庫に保存するのがベストといわれています。

さらに注意しなければならない点がもう一つあります。それは「湿気」。冷蔵・冷凍保存する際は、急速に温度を下げたほうが茶葉の細胞を傷つけずに鮮度や品質を保つことができますが、それを取り出して使用する際は、逆にゆっくり時間をかけて室温に戻すほうが茶葉はダメージを受けません。冷蔵庫から取り出したら、しばらく時間を置き、常温に戻してから開封するようにしましょう。

茶葉に含まれる水分は通常3％程度ですが、冷蔵庫から出した直後に開封してしまうと、その瞬間に茶葉は一気に吸湿し、水分含有量は7〜8％まで上昇してしまいます。

毎日、冷蔵庫から出してすぐにお茶を淹れていたという方は、科学的に見ると、じつは急激な温度変化を繰り返し茶葉に与えながら空気中の湿気をたっぷり吸わせて、劣化させ続けているお茶を淹れて飲んでいたということになってしまうのです。

お茶をおいしく飲むためにしていたことがかえって味を損ねていたとあっては、元も子もありません。そこで、冷蔵・冷凍保存をするなら、茶葉を数回分ずつ（1週間〜10日程度）を小分けにして密閉保存し、使う分だけ冷蔵庫から出し入れすることをおすすめします。忙しくて小分けするようなひと手間をかけられないというときは、お茶を淹れる少し前に冷蔵庫から出し、保存容器の周りに付く水滴が蒸発してから開封すれば問題ありません。

ただし抹茶は、他の茶葉よりも表面積が多くて劣化しやすいため、取り扱いにはもう少し注意が必要です。

購入する際は、できるだけ小さいサイズの缶を選び、常温保存で早めに飲み切るようにしてください。私は抹茶缶の中に入っている袋の口をしっかり折り込んで、なるべく空気を外に出してからクリップで止めて缶の蓋をし、常温保存するようにしています。

一度封を切ったお茶は、夏場は半月、冬場は1ヵ月で飲み切るのが鮮度を落とさず味わう目安です。

CHA

秋出し新茶

「秋出し新茶」という言葉を聞いたことがあるでしょうか。

このお茶は、江戸時代、お茶好きだった徳川家康が指示して作らせたものといわれています。春摘みの碾茶を茶壺に入れて密封し、京都愛宕山の中腹で保存します。これを秋まで保存し、江戸の徳川将軍に献上しました。

碾茶は茶壺に入れられ、京都から江戸まで「お茶壺道中」として丁重に厳かに運ばれました。その大行列の権威の高さは、徳川御三家の大名行列といえども「土下座をして道に控えた」といわれるほどです。庶民が粗相をすれば、すぐさま手打ちになるところから、子供から大人まで恐れられたそうです。

11月、江戸に運ばれた茶壺は「口切りの儀」として厳かに封印が解かれます。これを石臼で挽いて抹茶に仕上げたものを、茶道の儀式に則って点て、味わうのです。殿様が茶壺の封を切ったことから、秋に初めて飲むお茶を「秋出し新茶」「秋の蔵出し新茶」と呼ばれるようになりました。

低温貯蔵されたお茶は、春の新茶特有の青臭みが抜けて風味が増し、まろやかなコクがあります。「新茶」と「秋出し新茶」を飲み比べると、「秋出し新茶」のほうがおいしいといわれるのはなぜなのか不思議に思い、成分分析をおこなってみたことがあります。

その結果、「新茶」よりも「秋出し新茶」のほうが、①シュウ酸の含量が10％ほど減少して舌を刺すような刺激が軽減されていること、②ポリフェノールが約10％減少し、ラジカルも大幅に減少していたことから、「渋み」が減って「うま味」が強調されたことが推察できました。

また、できたての「新茶」の風味は残しつつも、茶壺に保存したことによる熟成風味が加わったことも、おいしく感じる一因と考えられます。

熟成風味に関しては、科学的にその詳細はまだ解き明かされていない面も多くありますが、これがまた「侘び寂び」の心を伴う碾茶、抹茶の魅力とも考えられます。

第6章 お茶と健康

なぜお茶は身体にいいのか

「栄養の宝庫」ともいわれるお茶。身体にいいとは聞くけれど、どんな良い作用があるかご存知ですか？　なぜ健康にいいのか、そのメカニズムも次第に明らかになってきています。

6-1 お茶は「栄養の宝庫」

緑茶に含まれるさまざまな成分

お茶には身体を健やかに保つ成分が豊富に含まれています。たとえばカテキンには、糖尿病やがんの予防効果があるということが明らかになってきました。お茶は、日本の歴史の中で、健康にとって優れた飲み物（食べ物）であることが検証された、数少ない食品の一つであると考えられます。

現在、茶の機能性を調査する研究の多くは日本が中心です。緑茶を用いて実施され、疫学調査から動物実験、そしてヒトを対象とした臨床試験、さらにその機能性について、分子生物学的なメカニズムの解明もおこなわれています。

お茶が身体にいいということは、みなさん何となくわかっていらっしゃると思いますが、その身体にいいといわれる成分にはどのようなものがあり、どの程度入っているのか、ご存知でしょうか。それを理解した上でお茶を淹れて味わえば、おいしさにありがたみも加わります。

ここでは、お茶に含まれる成分が、私たちの身体にどのような作用や効果をもたらすのか、科学的なデータも踏まえてお話ししたいと思います。

まずは、緑茶の成分構成から見てみましょう。

表6-1のように、緑茶は「栄養の宝庫」といわれるほど、さまざまな成分を含有しています。大きくビタミンB群、Cなどの「水溶性」、ビタミンA、Eなどの「脂溶性」、食物繊維などの「不溶性」の3つに分かれ、成分ごとに身体によい効果を持っています。含有量はたとえ微量でも、数多くの成分を一杯のお茶から一度に摂取でき、成分同士の相乗作用によっても高い健康効果を期待できるのが緑茶の魅力でしょう。

栄養成分で豊富なのは、ビタミンとミネラルです。ビタミン類は「βカロテン（ビタミンA）」「ビタミンB群」「ビタミンC」「ビタミンE」を含み、中でも含有量が多いのは「ビタミンC」。抗酸化力が高くコラーゲンの生成に不可欠で、とくに煎茶の含有量が高いことで知られています。

表6-1　お茶に含まれる成分とおもな効能
『平成28年度版 茶関係資料』（日本茶業中央会）より改変

成分		含量（緑茶乾燥茶葉100g中）	おもな効能など
ビタミン類	ビタミンA	βカロテン　16mg	抗酸化、がん予防、免疫反応増強
	ビタミンB群	B_1…0.35mg B_2…1.4mg ニコチン酸…4.0mg	糖類の代謝
	ビタミンC	250〜600mg	ストレス解消、抗壊血病、抗酸化、風邪予防、がん予防、メラニン色素生成抑制
	ビタミンE	α-トコフェロール…25〜70mg	抗酸化、がん予防、抗不妊、老化防止、動脈硬化抑制、コレステロールバランス調整
	ビタミンP（ルチン）	340mg	血管壁強化、高血圧に効果
	ビタミンU	10〜25mg	抗消化器潰瘍因子
カフェイン		2〜4g	覚醒作用、大脳刺激作用、疲労回復、ストレス解消、強心、利尿、抗喘息、代謝亢進
カテキン類		15〜20g	抗酸化、発がん抑制、抗腫瘍、突然変異抑制、血中コレステロール低下、血圧上昇抑制、血糖上昇抑制、血小板凝集抑制（抗動脈硬化、抗脳卒中）、脂肪吸収抑制、抗菌、抗ウイルス、虫歯予防、抗アレルギー、腸内フローラ改善、腸内毒素型菌の殺菌、消臭
フラボノイド類		600〜700mg	血清形成抑制、白内障抑制、がん細胞増殖抑制、抗酸化、消臭
γ-アミノ酪酸（GABA）		150〜200mg	血圧降下作用、抑制性神経伝達物質血圧降下作用
テアニン（アミノ酸の一種）		0.6〜3.1g	うま味成分
ポリサッカライド サポニン		0.1〜0.5g	去痰作用、消炎作用、抗糖尿、血糖低下

成分		含量（緑茶乾燥茶葉100g中）	おもな効能など
ミネラル	フッ素	（古葉） 100～180mg （新葉） 3～35mg	虫歯予防、抗がん、抗炎症
	亜鉛	3～7.5mg	幼児の発達促進、味覚機能向上、皮膚炎防止、免疫性低下抑制、抗がん、抗炎症
	銅、カリウム、ナトリウム、カルシウム、マンガン、ニッケル、モリブデン	微量	抗酸化、抗がん、抗炎症
	セレン	0.1～0.18mg	抗酸化、心筋障害防止、抗がん、抗炎症

ミネラル類で多いのは「カリウム」と「カルシウム」で、とくに身体の基本構造に深く関わるカリウムはミネラル全体の約半分を占めます。

そのほか、整腸作用のある「食物繊維」、虫歯を防ぐ「フッ素」、降圧作用のある「γ‐アミノ酪酸（略称GABA《ギャバ》）」、血糖値を下げる「ポリサッカライド（多糖類）」、また、悪玉コレステロール（LDL）酸化防止効果のある「コエンザイムQ10」も含まれています。

さらに注目されている成分が、「カテキン」「テアニン」「カフェイン」の3成分です。いずれも緑茶だけでなく、紅茶、ウーロン茶にも共通する含有成分で、お茶の味を決める「渋み、うま味、苦み」の3要素に加えて、それぞれに身体によい作用をもたらすこともわかってきました。

お茶の3大成分がもたらす良い作用

まずは、お茶の3大成分ともいえるカテキン、テアニン、カフェインについて、最近わかってきた各成分の持つ作用を具体的にご紹介していきましょう。

(1) カテキン

カテキンの効果は、大きく二つに集約されます。「抗酸化性」と「吸着性」です。

・「抗酸化作用」で、生活習慣病やがんを防ぐ

カテキンが持つ抗酸化性とは、生体酸化を防ぐ作用のことを指します。人を含む動物は、すべて呼吸によって酸素を取り入れ、脂や糖などの高分子物質を分解しながらエネルギーを得て生活しています。

食事から摂取した脂は、脂肪酸とグリセリンに分解されます。グリセリンは糖と同じようにエネルギーとして使われます。脂肪酸には飽和脂肪酸と不飽和脂肪酸があり、「不飽和」とは、炭素と炭素の結合に二重結合が入っていて不安定な脂肪酸のことです。不飽和脂肪酸は二重結合があるため酸化されやすく、体内で過酸化脂質を生成し、活性酸素を生じます。活性酸素は、脂質と反応してさらに過酸化脂質を連鎖的に生み出し、これによって、動脈硬化が進行したり細胞ががん化したりするなど、さまざまな健康障害の要因となります。

近年の日本の食生活は欧米化し、脂質の多い食生活に変化しているので、とくに注意が必要ですが、じつは食事に気をつけていても、呼吸で取り込む酸素の約2％が体内で活性酸素に変化しているといわれます。

カテキン類には、こうした生体の活性酸素を消去する作用があり、これを「抗酸化作用」と呼んでいます。とくにカテキン類の中でも、強い抗酸化作用を持つのが、エピガロカテキンガレート（ＥＧＣＧ）で、その作用は抗酸化物質として知られるビタミンＥの20倍、ビタミンＣの80倍といわれています。

カテキンが持つ抗酸化作用によって、発がん抑制作用、悪玉コレステロール（ＬＤＬ）上昇抑制作用、血圧上昇抑制作用などがあることが明らかにされています。

すでに何度もお話ししてきたように、カテキンはポリフェノールの一種であり、茶にはおもに４種のカテキンが含まれます（１４９ページ、図４‐２参照）。すなわち、先のエピガロカテキンガレートをはじめとするエピカテキン（ＥＣ）、エピカテキンガレート（ＥＣＧ）、エピガロカテキン（ＥＧＣ）であり、これらの茶葉中の含有率は10〜20％。なかでも強い抗酸化作用を持つエピガロカテキンガレートがその約半数を占めています。

この４つのカテキンは、緑茶、紅茶、ウーロン茶に共通するものですが、含まれるカテキンの種類は茶種によって異なり、緑茶にはエピアフレゼキンやエピガロカテキン‐メチル‐ガレート、エピガロカテキン‐３‐Ｏ‐ガレート（メチル化カテキン）など、さまざまな化学構造のカテキン類が数十種類見出されています。

紅茶やウーロン茶は、発酵過程でカテキンが酸化重合して転換するテアフラビン、テアフラビン‐３‐ガレート、テアシネンシンなどが見出され、１００種を超えるカテキン類が存在するといわれています。

カテキンの種類による効果の大小はあっても、これらの効果の方向性はほぼ同様のものです。カテキン類は抗酸化作用で知られるポリフェノールの一種のため、その働きはポリフェノールによるものと考えて問題ありません。茶に含まれるのがカテキンであるのと同様に、赤ワインにはアントシアニン、柿にはシブオールと、ポリフェノールもさまざまな種類が存在します。

ポリフェノールの「ポリ」は「たくさん」の意味で、たくさんのフェノールがあるという化学構造になっています。６個の炭素原子が六角形状に配置されたベンゼン環に抗酸化性（活性酸素やフリーラジカルを安定した物質に変える）を持ったヒドロキシ基（ＯＨ基）が結合しているのがフェノールで、これをたくさん持っているのがポリフェノールです。

ポリフェノールには、空気中の酸素と結合しやすい（酸化されやすい）性質があるため、身体にとっては活性酸素などによる酸化から身体を守ってくれる強力な抗酸化作用があるということになるわけです。

また最近、メディアでは「紅茶ポリフェノール」「ウーロン茶ポリフェノール」という言い方をよくされているようですが、これは、紅茶、ウーロン茶に含有されるポリフェノールのことであって、化学構造はそれぞれ少しずつ異なりますが、その働きはほぼ同じものが認められています。紅茶は、カテキンが二分子結合して生成したテアフラビンを含みますが、これもカテキン類と同じような作用を示します。

・風邪やインフルエンザを予防

一方、もう一つの「吸着性」の作用には、感染予防、口臭・体臭予防、アレルギー症状の緩和などが挙げられます。

風邪やインフルエンザ、病原性大腸菌Ｏ１５７など、感染症の予防作用のことです。とくにインフルエンザウイルスの消去には高い効果を発揮することが証明されています。
インフルエンザの感染は、鼻や喉の粘膜細胞にインフルエンザウイルスが付着し、細胞内で増殖することで起こりますが、このとき、ウイルスは細胞の表面にスパイクと呼ばれる突起で粘膜細胞と結合しています。カテキンは、その構造の中にOH基をたくさん有しており、これがこのスパイクを被覆し、ウイルスと細胞の結合を阻止するのです。

昭和大学医学部名誉教授・島村忠勝氏の臨床実験では、家庭で飲む緑茶の濃度（2％）から4分の1に希釈した抽出液にインフルエンザウイルスを加えて5秒間攪拌し、シャーレの培養細胞上に添付したところ、すぐにインフルエンザウイルスが消滅したことが確認されました。

その後の実験で、緑茶のカテキンよりも、酸化重合している紅茶のテアフラビンのほうがより殺菌性が強力で即効性も高いことが判明しています。

さらに、紅茶の抽出液でうがいをしてインフルエンザを予防できるかどうか、297人の被験者を対象に0・5％希釈の紅茶エキス100mLで1日2回のうがいをする人と何もしない人とで5ヵ月間おこなった臨床実験では、何もしなかった人の感染率が48・8％だったのに対し、紅茶エキスでうがいをした人は35・1％と有意な差が認められ、紅茶うがいでインフルエンザウイルスを阻止し得る可能性が示唆されました。

うがいの仕方によっても個人差が出てしまうところがありますが、カテキン、テアフラビンに強い殺菌効果があることは間違いなく、しかもインフルエンザの型に関係なくその効果を発揮することも証明されています。うがいに用いる紅茶の濃度は、普段飲む紅茶の4分の1〜10分の1でも効果があり、出がらしの紅茶で十分です。喉の奥の粘膜までしっかり届くようにガラガラとうがいをすることが重要とされています。

緑茶でおこなう場合は、出がらしは使わず、1〜2煎目までを使用すると効果的です。風邪やインフルエンザの季節に限定せず、ぜひ毎日の習慣にしてください。カテキンによって粘膜が潤い、抵抗力が付くことで感染しにくい身体を作ることができます。

さらに、カテキンの吸着性は、虫歯予防や口臭効果など、口腔内でも大きな効果を発揮します。お茶に含まれるフッ素には、歯のエナメル質を溶けにくくし、溶け出したミネラルを再び沈着させて歯の表面を修復する作用もあるため、食後に緑茶やウーロン茶を飲むだけでなく、口をすすげばさらに効果が高まります。

・アレルギー症状を抑制する

また、カテキンには吸着性により、花粉症などのアレルギー症状を引き起こすヒスタミンの分泌を抑える効果もあります。カテキンには炎症抑制効果もあり、つらいアレルギー反応が出てしまったあとでも、粘膜の炎症反応を早く落ち着かせる方向に導きます。

すでに商品化もされているのでご存知の方もいらっしゃるかもしれませんが、もともと紅茶用の品種として開発された「べにふうき」の緑茶は、アレルギー症状の抑制効果があることで知られています。

カテキンの中でももっとも強い殺菌作用を持つエピガロカテキンガレート（ＥＧＣＧ）と、アレルギーの初期反応を抑制するエピガロカテキン‐３‐Ｏ‐ガレート（メチル化カテキン）がほかの緑茶より多く含まれ、さらにヒスタミンを抑制する抗アレルギー成分のストリクチニンも含有しているのが特徴で、花粉症やアトピーなどのアレルギー症状の改善効果が期待されています。

また、アレルギー症状のつらいかゆみを抑えるには、お茶として飲むだけでなく、皮膚に塗布したり、目を洗浄したりすることでも緩和されるといわれています。

メチル化カテキンを効率よく摂取するには、茶葉を熱湯で5分以上煮立たせて飲むのがよいとされていましたが、近年では、含有成分を丸ごと摂取できる粉茶タイプも登場しています。

・糖尿病の予防と、カテキンの効果的な摂り方

糖尿病の予防でもカテキンの吸着性が発揮されます。カテキンを摂取することにより、消化管内の糖質分解酵素（たとえばアミラーゼなど）の働きが阻害されます。これにより、でんぷんな

どから吸収しやすいグルコースなどへの分解が抑制されるため、糖質の急激な消化吸収を遅らせることができます。

　ブドウ糖を飲む糖負荷試験では、一時的に血糖値は上昇しても、カテキンの含まれるお茶を飲むことですぐに下がることが認められています。


　なお、お茶を飲むことにより茶成分のカテキンは小腸の膜を通って吸収されて血液に入ります。これはアミノ酸などと同じ挙動ですが、その吸収される量はごくわずかだということがわかっています。

　さらにカテキンは、本来私たちの身体を構成する成分ではないので、体内に入ると異物として認識されます。そのため、血液に入ったカテキンが体内を巡って腎臓にくると、ここでグルクロン酸という物質と結合してグルクロン酸抱合体としてすぐに排出されてしまうことがわかっています。

　カテキンを摂取後、体内に留まる時間は3～4時間のため、カテキンのさまざまな健康効果の恩恵を十分に受けるためには、毎日お茶をこまめに摂取することが肝心です。

（2）テアニン（アミノ酸）

近年はお茶に含まれるアミノ酸類についての研究が進み、とくに茶葉に2～3％程度含まれるテアニンの効果が明らかにされつつあります。

お茶には興奮性のあるカフェインが含まれているにもかかわらず、飲むとどこかホッとして落ち着くのは、気分の問題ではなく、テアニンによる抑制作用のためです。

最近では、テアニンの摂取後、しばらくすると脳にα波が出現することがわかり、テアニンの摂取量に比例して高くなることから、リラックス状態への寄与が大きいと考えられています。

そのほか、血圧上昇の抑制、ドーパミンの出現、ストレスの軽減、ＧＡＢＡの増加や、がん治療の場では、抗がん剤ドキソルビシン（ＤＯＸ）の投与時に、テアニンを併用すると抗腫瘍作用が有意に改善されることも報告されています。

ここでは、テアニンの投与による①α波の出現、②ストレスの軽減についてご紹介します。

・リラックス効果が得られる

お茶に含まれるテアニンには、リラックス効果もあることが研究によって知られるようになりました。心が落ち着いてリラックスしているときは、α波という脳波が出るので、α波を測定すれば、リラックスできているかどうかを判断することができます。

18～22歳の女性50人を対象に、精神・身体の不安度を調査して５段階に分け、不安を強く感じているグループ（４名）と不安をあまり感じていないグループ（４名）を選出しました。その被験者に、水またはテアニンを含む水を飲んでもらい、脳波を測定する実験をおこなったのです。

その結果、水を１００mL飲んだ場合には、どちらのグループでもα波は出現しなかったのですが、水１００mLにテアニン２００mgを溶かした水を飲むと、摂取してから40分以降に、後頭部と頭頂部にα波の出現が認められました。とくに、不安を強く感じているグループのほうが、よりα波の出現が顕著でした。これは１９９８年に静岡県立大学名誉教授の横越英彦氏らによって発表された研究成果ですが、その後もさまざまな研究によってテアニンのリラックス効果は確認されています。

また、測定後のヒアリングでは、不安を強く感じているグループの半数が、テアニン摂取後に手足の指先が温かくなったと回答しています。これは、リラックスしたことで末端の血管が広がり、血行がよくなったものと考えられます。

・ストレスを軽減する

静岡県立大学薬学部准教授の海野《うんの》けい子氏の研究では、「マウスの実験によってテアニンの摂取はストレスを軽減し、脳機能の低下を抑制する」こと、「テアニンを摂取したマウスの脳の海馬ではグルタミン酸量が低下し、γ‐アミノ酪酸（GABA）が増加する」ことが報告されています。

GABAは、グルタミン酸がデカルボキシラーゼによって脱炭酸されることで生成されます。グルタミン酸、GABAは、抑制性の神経伝達物質でもあるため、テアニンは脳内におけるグルタミン酸、GABAのバランスを調節することで、脳の機能を調節していると考えられます。

さらに同大学薬学部の学生を対象に実験をおこなったところ、「不安を感じやすい（緊張しやすい）人ほどストレスを受けやすく、テアニンはストレスを感じやすい人に対して過剰な緊張を抑制する」ことが示されました。

その後、テアニンは緑茶に含まれる主要なアミノ酸であることから、緑茶を摂取した場合にもストレス軽減効果が期待できるかどうかが検討されています。

マウスでおこなわれた研究では、玉露などの高級緑茶はカフェインも多いですがテアニンも豊富に含まれるため、ストレス軽減効果が認められています。低カフェイン緑茶（摘んだ茶葉を熱水シャワーで処理し、カフェイン量を低下させた緑茶）も、玉露に比べてテアニンの含有量は少ないけれど、カフェイン含有量はさらに少ないため、ストレス軽減効果が認められました。一方、煎茶は「テアニン含量が玉露よりも少なくカテキンが相対的に多いため、ストレス軽減効果が弱い」と報告されています。こちらも、ヒトに対して同様の結果が得られる可能性が高いと考えられています。

先のリラックス効果についてもそうですが、緑茶にはテアニンの効果と反する効果を持つカフェインやカテキンも含まれているので、第5章でもご紹介したように、低温で淹れてテアニンは多く、カフェインやカテキンは少なく抽出した緑茶であれば、よりストレス軽減、リラックス効果が期待できそうです。

(3) カフェイン

お茶の機能性成分の中では、真っ先にカフェインの興奮作用を思い浮かべる方も多いかもしれません。実際、お茶の効能研究は、カフェインから始まりました。

この興奮作用は19世紀にはすでにわかっていたもので、１８２７年にイギリスの化学者Ｋ・オードリー氏らによって発見されたといわれています。その後も、利尿効果、覚醒効果など、カフェインの効能の多くは、経験的要素から次々と明らかにされていきました。

カフェインは交感神経に作用し、興奮させる作用があるため、眠気を防いだり、利尿作用を高めたりします。

そのほかにも、カフェインを含むお茶を飲んでから運動すると、効率よく脂肪を燃焼させる作用があることもわかってきました。カフェインが中性脂肪を分解し、遊離脂肪酸として血液中に放出されるのですが、この遊離脂肪酸がエネルギーとして利用されるのです。血中のカフェイン濃度は、お茶を飲んでから30分後ぐらいがもっとも高くなるので、運動する20〜30分前に緑茶や紅茶などカフェインを含むお茶を飲んでおくとよいのではないでしょうか。

その他のおもな「いい成分」

そのほか、お茶に含まれる成分には、次のような効果もあります。

・ビタミンC

抗酸化作用が強く、疲労回復や美肌効果（メラニン色素の生成を抑えてシミを作りにくくする）でおなじみのビタミンです。

光合成で生成されるため、非発酵茶の緑茶に豊富で、玉露や碾茶のように被覆栽培しない煎茶にもっとも多く含まれます。水溶性で熱に弱く、酸化しやすいことで知られていますが、お茶はカテキンの酸化抑制作用によってビタミンＣが守られるため、熱湯で淹れても破壊されないのが特徴です。

・ポリサッカライド

番茶（三番茶、秋冬番茶）に多く含まれる多糖類で、最近、血糖値の抑制効果で注目されています。Ｌ‐アラビノース、Ｄ‐リボース、Ｄ‐グルコースなどが結合したポリサッカライドは熱に弱いため、効果的に摂取するには水出しで淹れるのがポイントです。

・食物繊維

便秘解消、大腸がんの予防に効果があるといわれ、毎日積極的に摂りたい成分です。水溶性、不溶性があり、お湯で抽出して飲む場合は水溶性のみの摂取となります。不溶性の食物繊維は茶殻を活用したメニュー（第６章末コラム参照）や、抹茶、粉茶から摂取できます。

・βカロテン（ビタミンA）

強い抗酸化作用を持つ脂溶性ビタミン。ビタミンAが不足すると、必要な分だけビタミンAに変換されるため、βカロテンは別名「プロビタミンA」と呼ばれます。悪玉コレステロール（LDL）の酸化を阻止し、動脈硬化を予防、美肌効果（肌荒れ、シミ、シワ予防）、爪や髪も健やかに保ちます。

6-2 「万能なお茶」の登場

お茶の効能をいいとこ取りした「ギャバロン茶」

最後にご紹介したいのが、今から二十数年前に私たちが開発した、まったく新しいタイプの緑茶「ギャバロン茶」です。このお茶は、二番茶、三番茶の活用法を試行錯誤する製造過程で偶然生まれたものですが、調べてみると、その含有成分には驚くほど身体に良い効果があることがわかりました。

製造法は、生の茶葉を窒素ガスの中でしばらく保存し、その後、一般的な製法で緑茶を作るだけです。しかし、できあがったのは、ほのかに蒸れ臭のような独特な香りを持つ緑茶でした。

この臭いのもとは何なのか。気になって成分を調べてみると、茶の中にγ‐アミノ酪酸（ＧＡＢＡ）と呼ばれるアミノ酸の一種が大量に増加していました。検出されたＧＡＢＡの量は約３００mg、一般的な緑茶の20～30倍にも相当したのです。

そのとき思い出したのが、１９６３年に米国の生理学者スタントンが発表した「ＧＡＢＡには血圧の降下作用がある」という動物実験の文献でした。もしかしたら、このお茶でも効果があるのではないか。そう考え、ラットによる血圧上昇抑制試験をおこなうことにしました。

まず、高血圧自然発症ラット（高血圧を遺伝的に起こすラット）を10匹ずつ３グループに分け、①のグループには水、②のグループには普通の煎茶、③のグループにはギャバロン茶を投与します。その後、経過を見ると、ギャバロン茶を与えた③のラットは、実験開始から2週間で血圧が下がり始めました。7週間後には、それまで普通の煎茶を与えていた③のラットにはギャバロン茶を、ギャバロン茶を与えていた②のラットには普通の煎茶を投与して、さらに経過を見ました。すると、今度は②のラットの血圧が下がり始め、③のラットの血圧は上がり始めました。

私の予想は的中し、茶によるラットの血圧抑制作用が認められたのです。

ヒトに対しても同様の結果が期待できるのではないかと思い、今度は、ある病院と共同研究で臨床試験をおこなうことにしました。

降圧剤を服用せず食事療法だけで治療している高血圧患者・成人男子13名を対象に、ティーバッグ状のギャバロン茶を自由な時間に飲んでもらい（1日3回以上）、飲用前後に血圧測定を実施しました。

開始から2ヵ月でその効果が出始め、3ヵ月後には13人中7人にWHOが定める血圧降下試験のガイドラインに沿った降圧効果が認められました。

また、これと並行して、血圧が正常値の人、低血圧の人にも同様の試験を実施したところ、どちらも血圧が下がることはありませんでした。これにより、ギャバロン茶には、血圧の高い人を正常にするホメオスタシス（恒常性の維持）の作用があることも示されたのです。

これによりギャバロン茶は、日常的に飲み続けることで降圧作用があり、高血圧の予防もできるという結果が得られました。継続摂取が必要なのは降圧剤でも同様ですが、ギャバロン茶は緑茶飲料なので薬剤のような副作用の心配もありません。もちろん、GABA以外に含まれる成分は、ほかの緑茶と大差ないので、継続的に飲むことによって、先にご紹介した緑茶のさまざまな効能も得られます。

偶然から生まれた

この結果をまとめて、1987年の「日本栄養・食糧学会」総会で発表すると、茶による血圧抑制効果は大きな反響がありました。この「ギャバロン茶」という呼称は、国立茶業試験場（当時／現・野菜茶業研究所）と共同で私たちのグループが命名したものです。当時の日本は全国的にウーロン茶が大流行していたので、そこから取って語呂の良い響きにしたいと、GABAにウーロン茶の「ロン」を組み合わせて「ギャバロン茶」としました。

そもそも、ギャバロン茶誕生のきっかけは、茶園の栽培事情を知ったことでした。茶農家の収益は、その大半が一番茶に委ねられていて、二番茶・三番茶にはまともな値がつかず、そのまま刈り落とされてしまうことも珍しくありませんでした。じつにもったいない話だと思い、この二番茶・三番茶を活用する方法の研究を始めたのです。

しかし、二番茶の芽は摘んだあと、常温で長時間の保存はできません。冷凍できるような場所もありません。そこで思いついたのが、野菜の鮮度を保って貯蔵・運搬する輸送技術の応用でした。茶樹から摘んだ芽を窒素ガスに入れて保存することにしたのです。

そうして5～10時間保管したあと通常通り緑茶を作ると、できあがったお茶は、独特な蒸れ臭を伴っていたのですが、調べると驚くほどGABAを含んでいたというわけです。

ギャバロン茶は、しばらく窒素ガスに保存したことが製造のポイントとなりました。これを科学的に見ると、無酸素状態で茶葉を数時間保存することにより、緑茶の製造過程で、茶葉中のグルタミン酸がGABAに変わり、この茶葉をいったん好気状態にすることで、テアニンやたんぱく質からグルタミン酸が生成し、さらにそれがGABAへと変化したことによります。

その後、ギャバロン茶には、前出の降圧作用だけでなく、さまざまな形で全身にいい作用をもたらすことがわかってきました。

たとえば、血中アルコール濃度の変化にギャバロン茶がどう関与するのか、ラットを使って調べた実験データもあります。アルコールを摂取させる30分前にギャバロン茶を経口投与すると、肝臓のアルコール分解が促進されて、血中アルコール濃度の上昇が緩やかになり、血液中から早くアルコールが消失したのです。ギャバロン茶を摂取していないラットと比較すると、血中アルコール濃度は最大20〜30％低くなりました。

同様に、私たちがお酒を楽しむ前にも、あらかじめギャバロン茶を１杯飲んでおけば、悪酔いせず、肝臓への負担も抑えられるうえ、飲酒後、体内にアルコールが残る時間が短縮されて二日酔いの予防にもなるのではないかと考えられています。

また、食後の急激な血糖値の上昇抑制や、食塩に起因する血圧上昇の抑制、脳卒中の予防、認知症の予防にも効果があることが、ラットの実験によって次々と明らかになってきているところです。

さらに、テアニンが腎臓でグルタミン酸からＧＡＢＡに変化することが私たちの研究で明らかになり、それに伴ってＧＡＢＡにストレス抑制、リラックス効果があることも判明し、認知症予防に効果があることも判明しています。

GABAブームの隠れた火付け役

じつは先の学会発表後、「ギャバロン茶」の名称とその製法について特許を取るよう勧められたこともあったのですが、「特許がなければ、誰でもギャバロン茶を作ることができて、よいのではないか」との思いもあって特許申請の手続きはおこないませんでした。

しかし、あるとき知人から「特許を取得すれば、特許権の管理だけでなく、高い品質を保持できるという利点もある」との助言を受けて、なるほど、それは一理あると思い、改めて申請手続きを検討してみたのですが、時すでに遅し。申請条件の「学会発表から半年以内」をすでに経過してしまっていたのです。

結果的には、その後さらに発見された前出のようなGABAの作用を利用して、塩分を40%カットし血圧抑制を高める「丸大豆GABAしょうゆ」(キッコーマン)、ストレスを軽減する「メンタルバランスチョコレートGABA」(グリコ)などGABAの効果が手軽に試せる商品が大手食品メーカーから開発されたため、よかったのではないかと思っています。その後、私はファンケル社との共同研究により発芽玄米でGABAが増加することを実験したり、ロッテとの共同開発でかぼちゃからGABAを生成する研究などもおこなってきました。

おおもとになった「ギャバロン茶」も近年、商品開発が進みました。香気に独特なクセがあり、やや飲みにくさを伴う点をお茶屋さんに相談し、釜炒り茶に製法を変更することで、風味を大きく向上させました。最近ではティーバッグ商品が作られるなど、ようやく一般に浸透してきたところです。

CHA

緑茶の茶葉の意外な活用法

私の朝食は、ごはんの上に納豆とキムチを載せて、最後に粉茶をふりかけるのが定番です。お茶の豊富な栄養を丸ごと摂取できる、とっておきの方法で、10年来続けています。

また、本章でお話ししてきた通り、お茶は急須で２煎、３煎と抽出しても、残った茶殻にはまだ半分以上の栄養素が豊富に含まれています。とくにβカロテン、ビタミンE、コエンザイムQ10、ミネラル類（マンガン、銅、亜鉛、セレン）、食物繊維など、脂溶性の含有成分に至っては、どんなに熱湯を注いでも抽出液には一切溶け出さないのです。それを余すことなく摂取するには、茶葉ごとおいしく食べてしまうのがいちばん。茶殻もアレンジひとつでおいしくいただくことができますよ。

そのまま酢醤油をかければあっさりしたお浸しになり、茶殻におかか、じゃこ、ごまを加えて醤油を少々垂らせば、ごはんのおともにぴったりなふりかけになります。ただし、お浸しにする場合は、二番茶、三番茶の茶葉は太陽の光をしっかり浴びて育っているため硬さを伴います。煎茶（一番茶）を使うのがよいでしょう。

さらに、本書の冒頭でご紹介したように、リンゴジュースや豆乳と一緒に茶殻をミキサーにかければ、口当たりがよくスッキリとした味わいのおいしいスムージー（6ページ参照）ができあがります。これは、さまざまな材料や分量で検討して完成した特製のレシピですから、ぜひ味わってみてください。

また、緑茶の意外な活用法としては、ウイスキーや焼酎に緑茶の茶葉をそのまま加えて作る自家製の緑茶リキュールもおすすめです。2Lに10gが目安ですが、お好みでさらに茶葉の量を増やして茶成分の抽出を濃くしてもよいと思います。緑茶の黄緑色と爽やかな香りがリキュールに着色・着香し、それでカクテルを作れば、綺麗な色合いと風味が楽しめます。

古くなってしまったお茶は、フライパンで炒ってほうじ茶（193ページ参照）にすると風味がよくなりますが、フライパンで炒って室内にその香気成分を漂わせれば、イヤな臭いを除去することができます。少量の茶葉をメッシュ素材やガーゼで包み、浴槽に浮かべれば、入浴剤の完成です。ほのかなお茶の香気成分はリラックス効果があり、肌が締まってすべすべしてきます。

日常のさまざまな場面で緑茶の魅力を感じていただけることでしょう。

第7章 進化するお茶

味も楽しみ方も変える技術

急須で淹れて飲むだけでなく、ペットボトルやティーバッグなどでお茶をいつでも気軽に飲めるようになりました。お茶はどうやって進化してきて、今後どう広がっていくのでしょうか？

7-1 お茶はどう進化してきたか

海外で日本茶ブームが起きたわけ

近年、緑茶の持つ「素晴らしさ」が世界的に認識され、広く飲まれるようになってきました。日本人の平均寿命が非常に長く、「日本食はヘルシー」だと認知されたこと、海外での寿司人気に乗って緑茶が寿司とともに飲まれるようになったこと、さらに「和食」がユネスコの無形文化遺産として登録されたことでも関心が高く、ここ数年、緑茶の輸出高は増加が続いています。

２０１３年に日本で開催された世界緑茶会議に参加したときのことです。アメリカ、フランス、中国などからの参加者たちに日本茶インストラクターが腕によりをかけて緑茶を淹れてサーブすると、彼らはその味に大変驚き、感嘆していました。

それを見て気をよくした私は、「もう一杯いかがですか？」と勧めてみると、返ってきた答えは「Thank you no more!（もう結構ですよ）」という意外なものでした。「おいしかったらもっと飲むはずだよね……」と思いながらその理由を尋ねてみると、じつは「香りがグラッシーで飲みづらい。芝を刈ったときの匂いを連想してしまう」というのです。

つまり外国人の彼らは、決しておいしくて感激していたわけではなく、草の匂いがするお茶に驚いていたのです。そんな出来事から、わずか数年あまりでこのように和食や日本茶が健康食・健康飲料として世界で認知され、日本国内の消費を上回るほど海外で大ブームになっているのですから、人は生活習慣によって嗜好性が変化するということがよくわかります。

こうした緑茶ブームに拍車をかけたのは、お茶を「買って飲む」という文化が日本に根付いていたことも多分にあったのではないかと思います。今でこそ、コンビニや自動販売機で誰もが当たり前のようにお茶飲料を購入していますが、30年ほど前は、お茶は家庭で淹れて飲むもの、あるいは、おもてなしで振る舞われるものであって、わざわざ「外でお金を出して飲むもの」ではありませんでした。

それは水も同様ですね。水道水を利用するのが当たり前の暮らしの中に、ペットボトルのミネラルウォーターが登場した１９８０年代当初も、世間の大方の反応は「わざわざ水を買って飲むの？」という冷めたものでした。それが時代とともにライフスタイルや飲料水に対する意識も変わり、現在では水も、産地や含有成分、あるいは目的に応じて、選択購入するようになっています。

インドア飲料に限定されていた緑茶がアウトドア飲料にもなり得たのは、缶入り緑茶の登場、さらに一度開封してもキャップをして携帯できるペットボトル飲料が誕生したことの2点が大きく関係しています。

世界で初めて登場した「缶入り茶」

缶入り緑茶飲料が発売されたのは1985年。大阪のサンガリア社が缶入り緑茶を製造したのが最初といわれています。緑茶にアスコルビン酸（ビタミンC）を添加し、缶に窒素を充塡することで、緑茶の水色の変色を防ぎ、緑茶を缶に入れて販売することを可能にしました。

缶入り緑茶を開発する際に問題となることが2点あります。「水色の変色」と「香気の変質」です。茶から抽出した飲料を缶に詰め、最後に缶の蓋をすると、微量な酸素が混入してしまうため、その酸素が緑茶に含有されるカテキンと酸化反応を起こし、水色が赤く変色してしまうのです。そのため、従来は「缶入り緑茶の商品化は不可能」といわれていました。

しかし同年、伊藤園も「ティー&ナチュラル技術」といわれる製法で缶入り煎茶を販売し、商業ベースの軌道に乗せました。缶に窒素を充填させてから緑茶を入れていた従来の方法に対し、缶に緑茶を入れ、蓋をする直前に窒素を噴射して充填することで、酸素を極限まで排除することを可能としたのです。窒素は身体に害がなく、水に溶けにくい性質を持つため、緑茶の品質にも影響を与えません。健康に関わるような余計な添加物を使用せず、水色の変色問題をクリアしました。

もう一方の香気の変質については、製造過程で緑茶を加熱殺菌することが原因で生じます。緑茶本来の爽やかな香気成分が加熱によって化学反応を起こし、「イモ臭」といわれる焼き芋のような不快臭に変質してしまうのが問題でした。同じく伊藤園の開発担当者に聞いたところによると、変色しにくい茶葉を再検討し、ブレンドの配合、秒単位での抽出時間の調整、１℃単位での抽出温度の調整をおこない、開発から10年かけて１０００通りにものぼる中から最適な組み合わせを分析し、誕生させたといいます。

伊藤園では、緑茶飲料に先駆けて、１９８１年にウーロン茶の缶入り飲料化を成功させています。緑茶よりもウーロン茶のほうが商品化が容易だったのは、ウーロン茶が半発酵茶であったためです。もともと発酵が進んでできあがるお茶であれば、非発酵茶である緑茶のように、酸化によって水色が変化する心配がなかったのです。

持ち運びが可能でいつでも外で気軽に緑茶が飲めるようになり、缶入り緑茶飲料の登場は、急須で淹れて飲むインドア飲料だった緑茶をアウトドア飲料にしました。それだけでなく、「〝お茶はタダで飲めるもの〟という常識を変えた」といわれる商品となったのです。

透き通って変色しないペットボトル茶のひみつ

缶入り緑茶の登場により、お茶は「買って飲むもの」「いつでもどこでも飲めるもの」と認識が変わる中、より身近な飲み物としてさらに需要が高まるきっかけになったのが、ペットボトル飲料としての発売でした。

缶入り飲料は、一度プルタブを開けてしまうと飲み切らなければならず、開栓後に持ち歩くには不便さを伴います。その点、蓋の開閉ができるペットボトルであれば、いつでも自由に飲むことができ、携帯も可能で利便性が高いです。今ではごく当たり前のことですが、こうした理由で清涼飲料水の生産が爆発的な急成長を続ける中、お茶のペットボトル飲料は、1990年に伊藤園から初めて1・5L入りが登場、500㎖入りも1996年に登場しました。

しかし、緑茶をペットボトル飲料にする際には、缶とは異なる新たな問題が出てきます。いちばんの問題は、「澱の発生」です。緑茶は、抽出後2〜3日経つと酸化によってカテキン類が酸化重合し、不溶化していくため、粒状の浮遊物となって容器の底に沈殿しはじめます。身体に害はないものですが、ペットボトルは透明容器のため、時間の経過とともに現れる化学変化が明瞭で、おいしそうに見えません。同時に香りも少なくなり、味も爽やかさがなくなり、うま味にも影響してしまうため、それらを改善するための技術開発がおこなわれました。

この問題をもっとも簡単に解決するなら、茶の抽出成分を減らして水色を薄くし、茶の香気成分を人工的に添加すれば、とりあえず風味はカバーできます。しかし、茶葉本来のおいしさからは離れてしまうことになります。

当初、ペットボトルの緑茶飲料はかなり薄味で、その濃度は、通常、急須で淹れる場合の3分の1から4分の1程度に抑えられていました。誰でも飲みやすい、万人受けする味を狙っていたわけです。

そしてその味は、抗酸化作用のあるビタミンCを添加することで安定化させています。これはビタミンCとお茶に含まれるカテキンの抗酸化作用が相補的に作用し、茶飲料のカテキン含量が安定することを利用したものです。

味に影響が出るのではと思われるかもしれませんが、心配はご無用です。緑茶のペットボトル飲料に含まれるビタミンCは500mL当たり100mg程度なので、味に変化はありません。

これは茶飲料に含まれるカテキン量の経時変化を化学的に分析して導き出された製法で、実際は飲料の味に影響が出ないギリギリの量のビタミンCを加えることで、最大限、味の安定化が図られています。これもお茶の味を変えずに長く保つための、見えない工夫のひとつですね。

もし、これよりもビタミンCの添加量を増やした場合は、舌ではっきりわかる味として表出してきます。紅茶であれば、レモンティーのようになっておいしく味わえますが、緑茶はとても飲めたものではありません。そんな紙一重の分量でお茶のおいしさは保持されています。

そもそも緑茶の品質に悪影響を及ぼす原因には、「光」「酸素」「温度」の3つがあります。ペットボトルは、光の透過性が強いポリエチレンテレフタレート（PET）という合成樹脂から作られているため、容器に緑茶を注入した直後から光による劣化と酸化反応が起きはじめ、時間の経過とともにお茶の抽出成分が変化してしまうのです。

この問題点をどのように解決したのか、伊藤園の開発担当者に聞いてみると、「ナチュラル・クリアー製法」という製法で1996年に特許が取得されていました。

緑茶の抽出液を「マイクロフィルター」と呼ばれる天然素材の細かい膜で濾過することで、澱の原因物質となる微粒子を取り除くことがポイントです。この微粒子を除去できるようになったことで「澱」の問題は解消され、水色に濁りがなく、透明度の高い状態を保てるようになりました。さらに原材料の見直しもおこない、国産の新鮮な茶葉を使用することで、香り、滋味、うま味を高めたといいます。

容器の工夫がカギだった

また、冬は冬で別の問題が出てきます。寒い時期も店内や自動販売機で販売する場合は、缶であればそのまま温めたり専用ウォーマーを使用したりできるのですが、ペットボトルは容器の材質・性質上、同様に対処することができません。ペットボトルを温めてしまうと、ボトル容器が歪んで変形し、お茶の水色も変化してしまうのです。今でこそ当たり前のようにコンビニや自動販売機で温かいペットボトルのお茶を購入できますが、この点を解決しないと、商品化はできませんでした。

そこで、ペットボトルの容器を多層構造にすることで形状の変形・水色の劣化を防ぎ、さらに滋味の研究も重ねて、温かいペットボトルのお茶は完成しました。単に容器を変えるだけではなく、温めたときに最大限においしくなる茶葉の組み合わせを数百通り実験し、抽出温度は１℃単位、抽出時間は１秒単位で調整してたどり着いた味だといいます。

こうして、緑茶飲料は四季を通じて楽しめる商品になり、海外でも広く愛飲されるようになりました。私たちが室内、屋外、移動中にと、いつでもペットボトルのお茶が飲めるのは、メーカーのさまざまな創意工夫で、自然に起きてしまう化学反応を抑えることが可能になったおかげでもあるのです。

なお、食文化の違いから、海外の緑茶のペットボトル飲料には砂糖が加えられています。世界中でたくさんの人が緑茶を飲むようになったのはとてもいいことですが、500mLのボトルで10~13%の砂糖が含まれているため、糖分の摂取過多が気になるところです。緑茶を日常的に飲んでいる中国では、普段家で淹れるお茶に砂糖を入れることはありませんが、ペットボトルの緑茶飲料はやはり砂糖入りが好まれています。こうして見ると、海外でのペットボトルのお茶は、ジュース感覚に近い甘味飲料として親しまれている一面があるのかもしれません。

ちなみに、ペットボトルは日本でしか使用しない和製英語です。英語では「plastic bottle」。ペットボトルのことは、そのまま「ピーイーティー」と発音されます。

ティーバッグの進化から低カフェイン茶まで

短時間でしっかり抽出できるように茶葉を細かくカットするＣＴＣ製法（１１８ページ参照）が登場し、水色や滋味が大きく改善されたことで、ティーバッグは急速に広まりました。すでにお話ししてきたように、紅茶生産の80％はティーバッグが占めています。紅茶文化が生まれたイギリスでもティーバッグが主流です。そのため、ティーバッグでもホールリーフと同じようにおいしく飲めるように、メーカー各社がさまざまな製法で工夫しています。

その始まりには諸説あるようですが、袋の材質は、ガーゼから紙、繊維の毛羽立ちを抑えた不織布、ナイロンメッシュなど、さまざまなフィルターで改善研究が続けられています。紅茶はとくに香りを楽しむお茶のため、ペーパーフィルターは紙の臭いがついてしまうことから、最近では、抽出性が高く移香する心配のない不織布やナイロンメッシュがよく使用されるようになってきました。

袋の形状も、長方形のものから、丸形、ピラミッド形（三角テトラ形）など、ティーバッグの中で茶葉が動きやすい形へと変化しています。ですから、ティーバッグだからジャンピング（２００ページ参照）がまったく起きないということはありません。

また、以前ティーバッグの袋と糸はステープラーで止められていましたが、安全性や衛生面、さらに紙の包装から取り出すときに糸が抜けてしまう等の問題点から、ステープラーを使用しない技術も生まれ、現在では糸留めされることが多くなっています。

その種類も、安い茶葉を用いた内容量の多い徳用パックから、上級茶葉を使い、ティーバッグの素材や形状にもこだわったギフトにもなる高級商品まであり、選択の幅が非常に広がっています。

最近では、CTC製法を使ったティーバッグの緑茶もよく見かけるようになりました。緑茶のティーバッグには二番茶以降の茶葉が使用されているのですが、製造技術の進歩でいわゆる番茶臭が消えて見栄えもよくなり、しかも手軽に淹れられるため、生産者と消費者の双方に喜ばれる商品になっています。

また、茶成分の抽出方法も多様化しています。この数年注目されているのが、コーヒーのエスプレッソの抽出方法を紅茶に応用した「エスプレッソティー」です。30秒程度の短い時間で高温・高圧抽出することで、紅茶特有の良質な苦みと濃厚なコクのある味わいが楽しめるのが特徴です。数年前に大手メーカーから缶飲料として発売され、現在は持ち運びもできるボトル缶飲料として人気を得ているほか、家庭で簡単に淹れられるマシンも登場しています。

近年は茶葉が軟らかい深蒸し茶の生産が多く、抽出時に目詰まりを起こしてしまうため、「緑茶はエスプレッソ抽出には向かない」といわれていました。しかし、数年前に専用の茶葉が開発されたことで商品化が可能になり、ようやく市販され始めたところです。ミルクと淹れて緑茶ラテとしたり、ラテアートを楽しんだりと、今後の広がりが期待されるお茶ではないでしょうか。
また、カフェイン成分が抽出されないように、製造段階でカフェインをカットした「ノンカフェイン茶」「低カフェイン茶」も、緑茶や紅茶で販売されるようになりました。妊娠期の女性や小さな子どもなどに需要が増えています。

第5章でお話ししたように、カフェインは高温の湯で多く抽出されるため、生葉を熱湯で茹でたり、熱水シャワーで処理したり、二酸化炭素に一定の温度と圧力をかけてお茶を抽出する「超臨界二酸化炭素抽出法」などを使ってカフェインを除去する方法などが取られています。後者の二酸化炭素抽出法は、二酸化炭素を液体溶出しやすく気体拡散がしやすい状態にして、高温で抽出されるカフェインだけを取り除く、安全性の高い手法で、コーヒーをカフェインレスにする場合にも使われています。

また緑茶の場合は、急須に茶葉と氷水を入れて10分ほど置けば、カフェイン以外の含有成分が抽出されて、家庭でも手軽にカフェインの少ない緑茶を作ることができます。苦みのないまろやかな味わいを楽しめるのでぜひ試してみてください（ちなみに、同じ方法で紅茶の低カフェイン茶もできますが、香りが出ないので、今ひとつの味です）。

お茶の未来

50年ほどお茶の研究に携わり、時代とともに日本茶のおいしさの秘密や、茶成分の持つさまざまな効果効能などが明らかになるのを見てきました。それに伴い、お茶の素晴らしさや魅力が少しずつ浸透し、日本にとどまらず、世界中で評価されるようになったのは大変嬉しいことです。最近では、新茶のうま味を前面に打ち出したペットボトルの緑茶飲料も登場していますが、この「うま味」は、味の基本である甘み、塩み、苦み、酸味に続く第5の基本味で、20世紀に入ってから日本人が発見したものです。今日では「ＵＭＡＭＩ」と書けば世界で通用する共通語になっています。

しかし国内に目を転じてみると、緑茶の生産量や消費量は減少傾向にあり、日本茶を飲まない人も多くなるなど、世界とは逆転現象が起きています。核家族化や少子化が進むにつれて、家族団らんの場でお茶を飲むという機会も少なくなり、急須を持たない家庭もあるほどです。

その反面、紅茶やウーロン茶を自宅で味わう人が増え、「急須で淹れて飲む」という緑茶しかなかった時代からすると、お茶は日常のさまざまなシーンで楽しめるものになり、より身近な存在へと変化しています。

茶葉から淹れるお茶のおいしさは、本書で紹介してきたとおりですが、おいしく味わうだけでなく、お茶を淹れてほっと一息つくことに癒やしや充足感を求めたり、忙しくて急須で淹れる余裕がないときは水分補給で栄養素も摂れるティーバッグのお茶を利用したり、ペットボトルのお茶を持ち歩いたり、就寝前には低カフェイン茶を淹れて飲んだりと、それぞれの生活にあったお茶の楽しみ方、目的に応じた飲み方ができるようになりました。ライフスタイルの変化に伴って、お茶が進化してきたといってもいいでしょう。

そして、「茶の間」という言葉があるように、お茶はコミュニケーションの場に欠かせないものです。一杯のお茶が会話を深め、人の心と心をつなぎ、ときには沈黙が続く会話の間を埋めるツールにもなって、相手との距離をグッと縮めてくれます。さまざまな場面でぜひお茶を楽しみ、味わい、活用して、家族の絆、友との絆、仲間との絆を深めていただきたいと思います。

CHA

ワインボトルに入ったお茶!?

少し前に、印象深い贈り物をいただきました。木箱を開けると入っていたのは、深い緑色の1本のワインボトル。その中身はワインではなく、静岡で茶園を営む名人の手で作られたという高級緑茶でした。使われている茶は、朝霧がかかる天竜川の山間で土作りからこだわり、自家製完熟堆肥などを用いて栽培した茶葉を、100人がかりで手摘みをして作られるという煎茶(天竜茶)です。これを3日間かけて丁寧に水出しで抽出し、ワインボトルに詰めたという凝った商品でした。

商品化されているのは、緑茶に限らず、ウーロン茶や紅茶もあり、その価格は、茶の銘柄によって1本3000円から数十万円するものまで! 中には特別な桐箱に入った60万円もする品もあると聞いて驚きました。「オリエンタルビューティー」と呼ばれて人気が高い台湾産ウーロン茶の「東方美人(Queen of Blue deluxe)」は、JAL国際線のファーストクラスに採用され、アルコールが苦手な人に振る舞われているそうです。

私が頂戴したのは1本2万円する高級茶でした。普段、自分ではなかなか買えないものですから、特別な日に仲間と一緒に味わうことにしました。ワインボトルに合わせて、茶器はワイングラスを用意しました。煎茶をワイングラスで味わうことはまずないので、それだけでいつもとは違うプレミア感が出ます。

ワインボトルから注いだ水色は、透明度が高く、黄金色に淡い緑色が差し込んだ美しい艶がありました。水出し茶というのは、一般的にはあまり香りはしないものですが、ワイングラスに注いだ瞬間に力強い大地から育った緑茶のすがすがしい青い香りが立ちのぼり、口に含むと、奥行きのある強いうま味が広がりました。余韻の残るおいしいお茶でした。

日常的に手軽に飲めるものではありませんが、ギフトとして使うのはいいですね。アルコールが苦手な方でも、ハレの日にお気に入りのグラスでいただけば、雰囲気もよく高級感を演出できます。これからお茶の新しい楽しみ方の一つになるのではないでしょうか。

おわりに

近年の日本におけるお茶の実態について、本稿を執筆する過程でいろいろと見聞きしてきましたが、あるときはうれしく、あるときは焦燥感に駆られてじっとしてはいられないような気持ちで一杯でした。農薬研究で学位を取得した筆者は、博士課程修了と同時に27歳で大妻女子大学に講師として奉職しました。以来、お茶の研究を始めて50年、紅茶の研究を皮切りに緑茶・ウーロン茶・黒茶の研究をおこなってきましたが、おりしも紅茶の輸入自由化が実施され、国内紅茶産業は壊滅的な打撃を受けました。紅茶用品種の切り札として育成された〝べにひかり〟も、当時はついに日の目を見ることなく、終焉を迎えることとなりました。

そのような時代背景の中、紅茶の研究をおこなうことは「なんでいま頃そんな研究を……」などの嘲笑もあり、研究予算も含めて非常にやりにくい環境でもありました。

しかしこのとき、偶然に筆者の上司でもあった小幡弥太郎教授が「世界に負けないおいしい紅茶を作れ」と、茶の道を筆者に命じられました。小幡先生は自他ともに偉いと認識されてもおられ、かつ、ビタミンB_1の発見者としても知られる鈴木梅太郎先生の門下生でもある明治生まれの大先生でした。大変に怖く恐れ多い先生ではありましたが、その基本に流れている愛情を言動に感じつつ、それが支えとなって茶の道を継続できました。以来半世紀が瞬く間に過ぎ去り、いま、お茶はさまざまな疾病に効果的であるとか、身体と心の健康にとってかけがえのないものであるといった実態を鑑みてみますと、小幡弥太郎先生との偶然の出会いというものは、筆者にとっては必然的であったことをひしひしと実感するものです。

そして、富士山、富岡製糸場が世界文化遺産として、和食が無形文化遺産としてユネスコに登録され、日本茶インストラクターが1万人にも達し、さらにメディアでは日本茶の効用が何かと報道されて、茶は万病に効くとも思えるような昨今です。その結果として茶のおいしさ、とくに抹茶は「ＭＡＴＣＨＡ」として国際的にも通用するようになり、侘び寂びの日本文化とともに世界的な広がりを見せています。抹茶の特徴であるうま味も「ＵＭＡＭＩ」として国際的に通用するようになり、抹茶、和食は健康的とのイメージに重なって、世界的に好まれるようになりました。茶はまさに追い風を受けて広まっているようにも思われます。

しかしながら、日本国内での茶生産量と消費量は年々減少の一途。かつては10万ｔ以上も生産されていた日本の茶生産量は、２０１５年は８万ｔを割り込んでしまいました。

一方、海外に目を向けますと、茶生産量は毎年10万ｔ以上ずつ増加しています。

これらの統計的数字は何を物語っているのでしょうか。比べてみれば半世紀前、日本は１ドル

360円の発展途上国でありました。しかし勤勉さを誇るわが国では、そんな逆境にもめげずに、せっせと働き高度経済成長を成し遂げ、世界に冠たる経済大国を築き、いまに至っています。

常に欧米に追いつけ・追い越せを目標としてきましたが、追いついて久しいいま、日本の歴史、文化、民族というものを改めて見つめ直し、かつてのNHK番組『人間は何を食べてきたか』（1985～1994年にかけて放送）などの映像を視聴してみるのも良いかもしれませんね。日本の風土に育まれた農作物を食べてきた私たち日本人は、緑の黒髪を持ち、胴長短足と揶揄されてはきましたが、これは日本の風土から生まれた誇るべき姿の一つです。

緑茶、抹茶もこのような風土で生まれてきて、これらをしっかりと利用してきたのが私たち日本人です。その意味では私たちは日本の緑茶、抹茶をもっと真正面から見つめるときではないかと思いますし、そうすることによって日本のお茶、日本の食、日本の風土と文化がよく見えてきて、日本人の身体と心を育んできた和食の原点をも味わうことが可能となります。

世界に冠たる長寿国日本、それはこのような和食をしっかりと日常茶飯事として食べてきた日本の先人が作り出したわけで、これは未来に向けても持続させていくことの責務が私たちには課せられていると考えます。

永年お茶の研究に携わってきたからといえばそれまでですが、お茶の素晴らしさを直視すればするほど新発見があります。同時に「茶」というこんなにも素晴らしいものを生産、製造、流通、加工そして消費するときの在り方にも問題点が見えてきました。原稿でもそのようなことについて、つい問題点として触れてしまい、編集者の方からは常に明るく、夢のある方向で、とアドバイスをいただきました。この点、お茶好きの読者には本文の行間からお汲み取りをいただけますと幸いです。

本稿を執筆するにあたりまして、多数の茶研究者の論文を参考とさせていただきました。とくに、茶の遺伝子関係についての共同研究者、GABA関係の共同研究者、カテキン、アミノ酸など茶成分に関する共同研究者、茶の味覚センサーでの共同研究者でもある、加藤芳伸、加藤みゆき、林智、築館香澄、岡本由希、山下まゆ美、内山裕美子の各氏の論文を活用させていただきました。付記して謝意を申し上げたいと思います。

最後に本稿を何とか書き終えたいま、ブルーバックス編集担当の方、編集に携わった関係の方々に厚く御礼申し上げます。とくに企画段階からご助言をいただきました家田有美子氏には原稿の遅々として進行しない筆者に対しても、涙をかくして笑顔でご対応いただき、語るにも、また筆にも到底尽くせないほどの深いお詫びと、そして心からの厚い御礼を申し上げたいと思います。

2017年4月吉日　大森　正司

82) 角山栄 他: 日本のお茶〔Ⅲ〕,ぎょうせい (1988)
83) 宮川金二郎 他 : 日本の後発酵茶,さんえい出版 (1994)
84) 静岡県茶業会議所編 : 新茶業全書 (1983)
85) 川上美智子 : 茶の香り研究ノート,光生館 (2000)
86) 日本茶業中央会 : 平成28年版 茶関係資料 (2016)

54) 木幡勝則 他：茶業研究報告, 119,45 (2015)
55) 斎藤ひろみ 他：日本食生活学会誌,7,51 (1996)
56) 坂田完三 他：応用糖質科学,54,113 (1998)
57) 坂本彬 他：茶業研究報告,94,45 (2002)
58) 相良泰行：茶,68, 20 (2015)
59) 高橋 淳 他：埼玉県農林総合研究センター報告,6,64 (2009)
60) 高柳博次 他：茶業研究報告, 65, 81 (1987)
61) 武田善行 他：茶業研究報告,52, 1 (1980)
62) 津志田藤二郎 他：農化, 61, 817 (1987)
63) 鳥屋尾忠之 他：茶業研究報告, 87,39 (1999)
64) 中川致之：日食工誌,16,252 (1969)
65) 中川致之 他：茶業試験場研究報告, 6,65 (1970)
66) 中島健太 他：茶業研究報告,118, 1 (2014)
67) 難波敦子 他：家政誌,49,907 (1998)
68) 芳賀 徹：O-cha学, 8, 7 (2016)
69) 原征彦 他：栄食誌, 43, 345 (1990)
70) 東久保理江子 他：味と匂誌,7,361 (2000)
71) 藤田敏郎：医学のあゆみ, 130, 880 (1984)
72) 堀江秀樹 他：茶業技術研究報告,93,91 (2002)
73) 松尾啓史：宮崎県総合農業試験場研究報告,47,1(2013)
74) 宮下知也 他：科学・技術研究, 4,95 (2015)
75) 宮田裕次 他：食科工, 58,403 (2011)
76) 村上孝寿：ファルマシア, 52,155 (2016)
77) 村田雄哉 他：現代農業, 94,226 (2015)
78) 森 伸幸：におい・かおり環境学会誌, 46, 141 (2015)
79) 矢野佑佳 他：食科工, 52, 380 (2005)
80) 横田 正 他：化学・技術研究,5,231 (2016)
81) 吉冨 均 他：美味技術研究会誌,2,27 (2002)

27) Salimath, S. S., et al., : *Genome*, 38, 757 (1995)
28) Sealy, J.R., et al., : *Royal Horticultural Society* (1958)
29) Shiraki.M., et al., : *Mutation Research Lett.*, 323, 29 (1994)
30) Takeda,Y., et al., : *Jpn.Agric.Res.Quart*,24,111 (1990)
31) Takino, Y., et al., : *Tetrahedron Lett.*, 4019 (1965) / 4024 (1966)
32) Takino. Y., et al., : *Agric.Biol.Chem.*, 27, 319 (1963)
33) Tanigake,A., et al., : *Chem.Pharm Bul.*,51,1241 (2003)
34) Toko, K. : *Taste sensors,Biomimetic Sensor Technology, Cambridge,United Kingdom,Cambridge University Press*,113 (2000)
35) Tsujimura, M., et al., : *Sci. Pap. I. P. C. R.*, 26,186 (1935)
36) Uchida,T., et al., : *J Pharm Pharmacol.*,55,1479 (2003)
37) Ujihara, T., et al., : *Food Sci.Technol.Res.*, 11, 43 (2005)
38) Wachira, F. N., et al., : *Genome*, 38, 201 (1995)
39) Wang. H., et al., : *Trends Food Sci. Technol.*, 11, 152 (2000)
40) 井藤英夫 他：農業および園芸,43,539 (1968)
41) 内田保太郎：茶,70,26 (2017)
42) 内山裕美子 他：日本調理科学会誌, 46, 281 (2013)
43) 内山裕美子 他：日本調理科学会誌, 47,320 (2014)
44) 大平辰朗 他：におい・かおり環境学会誌,43, 101 (2012)
45) 大森正司 他：農化, 61, 1449 (1987)
46) 大森正司 他: 農化, 59, 797 (1985)
47) 小澤達巳：茶, 70, 52 (2017)
48) 加藤みゆき 他：家政誌,44,561 (1993)
49) 加藤みゆき 他：家政誌., 45,527 (1994)
50) 加藤みゆき 他：食科工, 57, 389 (2010)
51) 加藤史子 他：食科工, 55,49 (2008)
52) 川口史樹：茶,69, 36 (2016)
53) 河辺博史 他：腎と透析,32,421 (1992)

参考文献

1) Abe,Y.,et al., : *American J.Hypertension.*, 8, 74 (1995)
2) Baker, J., et al., : *Mol. Gen. Genet.*, 249, 65 (1995)
3) Balentine. D.A., et al., : *Crit.Rev.Food,Sci.Nutr.*,37,693 (1997)
4) Bradfield, A. E., et al., : *Biochimica et Biophysics Acta*, 4,441 (1950)
5) Bryce. T., et al., : *Tetrahedron Lett.*, 32,2789 (1970)
6) Catterall F., et al., : *Mutagenesis*, 18, 145 (2003)
7) Ciraj A.M., et al ., : *Indian J. Med. Sci.*, 55, 376 (2001)
8) F. Müggler-Chavan, et al., : *Helv. Chim. Acta*, 49,1963 (1966)
9) Friedman M., et al., : *J.Food Prot.*, 69, 354 (2006)
10) Fukunaga,T., et al., : *Sens.Mater.*,8,47 (1996)
11) Ganal, M. W., et al., : *Curr. Opin. Plant Biol.*, 12, 211 (2009)
12) Gupta S., et al., : *Phytother Res.*, 16, 655 (2002)
13) Hayashi,N., et al., : *J.Agric.Food Chem.*,56,7384 (2008)
14) Iiyama,S., et al., : *Sens.Mater.*,7,191 (1995)
15) Kaundun, S. S., et al., : *Euphytica*, 115 (2000)
16) Kobayashi,Y., et al., : *Sensors.*,10,3411 (2010)
17) Kuriyama. S., et al., : *JAMA.*,296,1255 (2006)
18) Matsumoto, S.,et al., : *Theo.Appl.Genet.*, 89, 671 (1994)
19) Millin. D.J., et al., : *J.Sci.Food Agric.*,20, 296 (1969)
20) Miyanaga,Y., et al., : *Sens.Mater.*,14,455 (2002)
21) Mizukami,Y., et al., : *J.Agric.Food Chem.*,55,4957 (2007)
22) Mnet M.C., et al., : *J.Agric. Food Chem.*,52, 2455 (2004)
23) Moon. J.H., et al., : *Biosci.Biotechnol.Biochem.*,63,1631 (1996)
24) Oguni. I., et al., : *Jpn.J.Nutr.*,47, 93 (1989)
25) Powell, W., et al., : *Mol. Breeding.*, 2, 225 (1996)
26) Roberts, E. A. H., et al.,: *Sci. Food. Agric.*, 8,72 (1957)

[アルファベット]

[ま・や行]

[ら・わ行]

[た行]

[な・は行]

［さ行］

さくいん

[あ行]

[か行]

本書のカバーに登場するさまざまなお茶

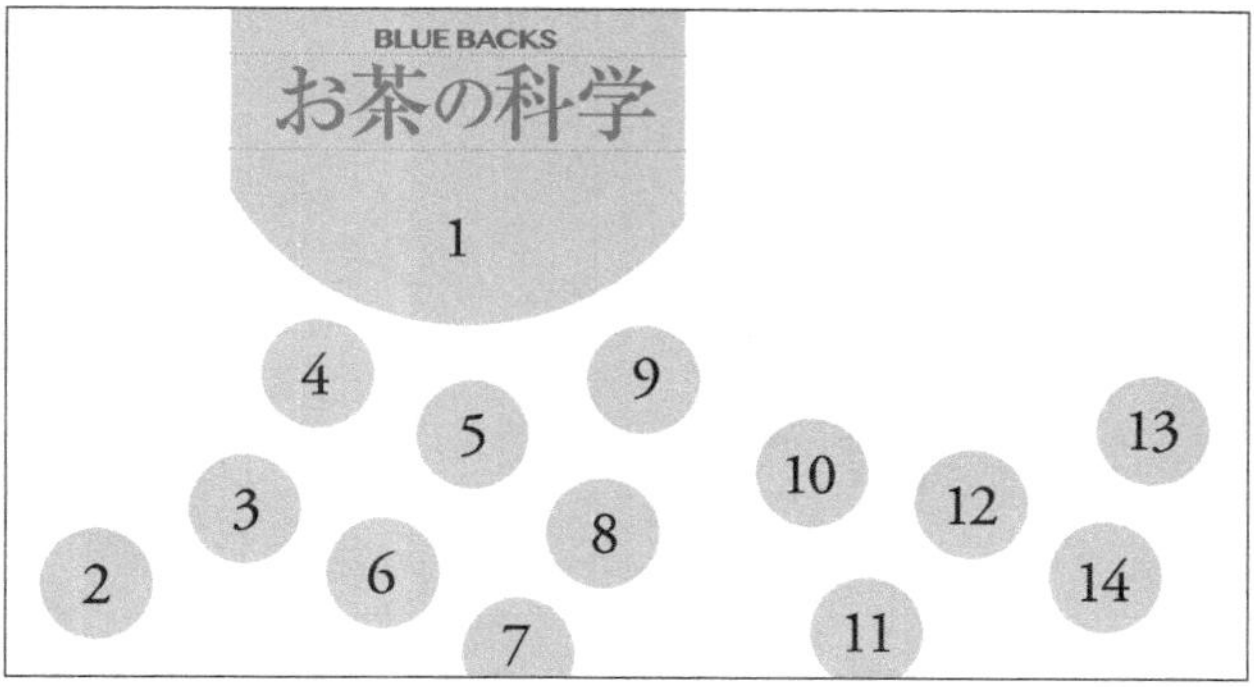

1 煎茶

2 キームン（中国／紅茶）

3 玉露

4 抹茶

5 ディンブラ（スリランカ／紅茶）

6 ほうじ茶

7 龍《ろん》井《じん》茶（中国／緑茶）

8 茎茶（新芽の茎を使った緑茶）

9 碁石茶（高知県／黒茶）

10 武夷岩茶（中国／ウーロン茶）

11 玄米茶（炒った玄米と緑茶をあわせた茶）

12 阿里山烏龍茶（台湾）

13 番茶

14 バタバタ茶（富山県／黒茶）

N.D.C.596.7　279p　18cm

ブルーバックス　B-2016

お茶《ちゃ》の科学《かがく》

「色・香り・味」を生み出す茶葉のひみつ

2017年 5 月20日　第 1 刷発行
2024年11月12日　第10刷発行

著者　大森正司《おおもりまさし》

発行者　篠木和久
発行所　株式会社講談社
〒112-8001 東京都文京区音羽2-12-21
電話　出版　03-5395-3524
販売　03-5395-5817
業務　03-5395-3615
印刷所　（本文表紙印刷）株式会社ＫＰＳプロダクツ
（カバー印刷）信毎書籍印刷株式会社
製本所　株式会社ＫＰＳプロダクツ
本文データ制作　ブルーバックス

定価はカバーに表示してあります。

ISBN978-4-06-502016-6

発刊のことば

科学をあなたのポケットに

二十世紀最大の特色は、それが科学時代であるということです。科学は日に日に進歩を続け、止まるところを知りません。ひと昔前の夢物語もどんどん現実化しており、今やわれわれの生活のすべてが、科学によってゆり動かされているといっても過言ではないでしょう。

そのような背景を考えれば、学者や学生はもちろん、産業人も、セールスマンも、ジャーナリストも、家庭の主婦も、みんなが科学を知らなければ、時代の流れに逆らうことになるでしょう。

ブルーバックス発刊の意義と必然性はそこにあります。このシリーズは、読む人に科学的に物を考える習慣と、科学的に物を見る目を養っていただくことを最大の目標にしています。そのためには、単に原理や法則の解説に終始するのではなくて、政治や経済など、社会科学や人文科学にも関連させて、広い視野から問題を追究していきます。科学はむずかしいという先入観を改める表現と構成、それも類書にないブルーバックスの特色であると信じます。

一九六三年九月

野間省一

ブルーバックス　食品科学関係書

ブルーバックス　趣味・実用関係書（I）

35 計画の科学　加藤昭吉
733 紙ヒコーキで知る飛行の原理　小林昭夫
921 自分がわかる心理テスト　芦原 睦／桂 戴作＝監修
1063 自分がわかる心理テストPART2　芦原 睦＝監修
1073 へんな虫はすごい虫　安富和男
1084 図解 わかる電子回路　加藤 肇／見城尚志／高橋 久
1112 頭を鍛えるディベート入門　松本 茂
1234 子どもにウケる科学手品77　後藤道夫
1245 「分かりやすい表現」の技術　藤沢晃治
1273 もっと子どもにウケる科学手品77　後藤道夫
1284 理系志望のための高校生活ガイド　鍵本 聡
1307 理系の女の生き方ガイド　宇野賀津子／坂東昌子
1346 図解 ヘリコプター　鈴木英夫
1352 確率・統計であばくギャンブルのからくり　谷岡一郎
1353 算数パズル「出しっこ問題」傑作選　仲田紀夫
1364 理系のための英語論文執筆ガイド　原田豊太郎
1366 数学版 これを英語で言えますか？　E・ネルソン＝監修　保江邦夫
1368 論理パズル「出しっこ問題」傑作選　小野田博一
1387 「分かりやすい説明」の技術　藤沢晃治
1396 制御工学の考え方　木村英紀
1413 『ネイチャー』を英語で読みこなす　竹内 薫
1420 理系のための英語便利帳　倉島保美／榎本智子　黒木 博＝絵
1443 「分かりやすい文章」の技術　藤沢晃治
1478 「分かりやすい話し方」の技術　吉田たかよし
1493 計算力を強くする　鍵本 聡
1516 競走馬の科学　JRA競走馬総合研究所＝編
1520 図解 鉄道の科学　宮本昌幸
1536 計算力を強くするpart2　鍵本 聡
1552 「計画力」を強くする　加藤昭吉
1553 図解 つくる電子回路　加藤ただし
1573 手作りラジオ工作入門　西田和明
1596 理系のための人生設計ガイド　坪田一男
1623 「分かりやすい教え方」の技術　藤沢晃治
1629 計算力を強くする 完全ドリル　鍵本 聡
1630 伝承農法を活かす家庭菜園の科学　木嶋利男
1653 理系のための英語「キー構文」46　原田豊太郎
1660 図解 電車のメカニズム　宮本昌幸＝編著
1666 理系のための「即効！」卒業論文術　中田 亨
1671 理系のための研究生活ガイド 第2版　坪田一男
1676 図解 橋の科学　土木学会関西支部＝編　田中輝彦／渡邊英一 他
1688 武術「奥義」の科学　吉福康郎
1695 ジムに通う前に読む本　桜井静香

ブルーバックス　趣味・実用関係書（Ⅲ）

2064 心理学者が教える　読ませる技術　聞かせる技術　海保博之
2089 世界標準のスイングが身につく科学的ゴルフ上達法　板橋　繁
2111 作曲の科学　フランソワ・デュボワ　井上喜惟＝監修　木村　彩＝訳
2113 ウォーキングの科学　能勢　博
2118 道具としての微分方程式　偏微分編　斎藤恭一
2120 子どもにウケる科学手品　ベスト版　後藤道夫
2131 世界標準のスイングが身につく科学的ゴルフ上達法　実践編　板橋　繁
2135 アスリートの科学　久木留　毅
2138 理系の文章術　更科　功
2149 日本史サイエンス　播田安弘
2151 「意思決定」の科学　川越敏司
2158 科学とはなにか　佐倉　統
2170 理系女性の人生設計ガイド　大隅典子　大島まり　山本佳世子

ブルーバックス12cm CD-ROM付

BC07 ChemSketchで書く簡単化学レポート　平山令明

ブルーバックス　趣味・実用関係書（II）

1696 ジェット・エンジンの仕組み　吉中　司
1707 「交渉力」を強くする　藤沢晃治
1725 魚の行動習性を利用する釣り入門　川村軍蔵
1773 「判断力」を強くする　藤沢晃治
1783 知識ゼロからのＥｘｃｅｌビジネスデータ分析入門　住中光夫
1791 卒論執筆のためのＷｏｒｄ活用術　田中幸夫
1793 論理が伝わる　世界標準の「書く技術」　倉島保美
1796 「魅せる声」のつくり方　篠原さなえ
1813 研究発表のためのスライドデザイン　宮野公樹
1817 東京鉄道遺産　小野田　滋
1847 論理が伝わる　世界標準の「プレゼン術」　倉島保美
1864 科学検定公式問題集　５・６級　桑子　研／竹田淳一郎　竹内　薫＝監修
1868 基準値のからくり　村上道夫／永井孝志／小野恭子／岸本充生
1877 山に登る前に読む本　能勢　博
1882 「ネイティブ発音」科学的上達法　藤田佳信
1895 「育つ土」を作る家庭菜園の科学　木嶋利男
1900 科学検定公式問題集　３・４級　桑子　研／竹田淳一郎　竹内　薫＝監修
1910 研究を深める５つの問い　宮野公樹
1914 論理が伝わる　世界標準の「議論の技術」　倉島保美
1915 理系のための英語最重要「キー動詞」43　原田豊太郎
1919 「説得力」を強くする　藤沢晃治

1926 ＳＮＳって面白いの？　草野真一
1934 世界で生きぬく理系のための英文メール術　吉形一樹
1938 門田先生の３Ｄプリンタ入門　門田和雄
1947 50ヵ国語習得法　新名美次
1948 すごい家電　西田宗千佳
1951 研究者としてうまくやっていくには　長谷川修司
1958 理系のための法律入門　第２版　井野邊　陽
1959 図解　燃料電池自動車のメカニズム　川辺謙一
1965 理系のための論理が伝わる文章術　成清弘和
1966 サッカー上達の科学　村松尚登
1967 世の中の真実がわかる「確率」入門　小林道正
1976 不妊治療を考えたら読む本　浅田義正／河合　蘭
1987 怖いくらい通じるカタカナ英語の法則　ネット対応版　池谷裕二
1999 カラー図解　Ｅｘｃｅｌ「超」効率化マニュアル　立山秀利
2005 ランニングをする前に読む本　田中宏暁
2020 「香り」の科学　平山令明
2038 城の科学　萩原さちこ
2042 日本人のための声がよくなる「舌力」のつくり方　篠原さなえ
2055 理系のための「実戦英語力」習得法　志村史夫
2056 新しい１キログラムの測り方　臼田　孝
2060 音律と音階の科学　新装版　小方　厚

ブルーバックス　医学・薬学・心理学関係書（I）

921 自分がわかる心理テスト　芦原 睦／桂 戴作＝監修
1021 人はなぜ笑うのか　志水 彰／角辻 豊／中村 真
1063 自分がわかる心理テストPART2　芦原 睦＝監修
1117 リハビリテーション　上田 敏
1176 考える血管　児玉龍彦／浜窪隆雄
1184 脳内不安物質　貝谷久宣
1223 姿勢のふしぎ　成瀬悟策
1258 男が知りたい女のからだ　河野美香
1315 記憶力を強くする　池谷裕二
1323 マンガ　心理学入門　N・C・ベンソン　清水佳苗／大前泰彦＝訳
1391 ミトコンドリア・ミステリー　林 純一
1418 「食べもの神話」の落とし穴　髙橋久仁子
1427 筋肉はふしぎ　杉 晴夫
1435 アミノ酸の科学　櫻庭雅文
1439 味のなんでも小事典　日本味と匂学会＝編
1472 DNA（上）ジェームス・D・ワトソン／アンドリュー・ベリー　青木 薫＝訳
1473 DNA（下）ジェームス・D・ワトソン／アンドリュー・ベリー　青木 薫＝訳
1500 脳から見たリハビリ治療　久保田競／宮井一郎＝編著
1504 プリオン説はほんとうか？　福岡伸一
1531 皮膚感覚の不思議　山口 創
1551 現代免疫物語　岸本忠三／中嶋 彰
1626 進化から見た病気　栃内 新
1633 新・現代免疫物語「抗体医薬」と「自然免疫」の驚異　岸本忠三／中嶋 彰
1647 インフルエンザ パンデミック　河岡義裕／堀本研子
1662 老化はなぜ進むのか　近藤祥司
1695 ジムに通う前に読む本　桜井静香
1701 光と色彩の科学　齋藤勝裕
1724 ウソを見破る統計学　神永正博
1727 iPS細胞とはなにか　朝日新聞大阪本社科学医療グループ
1730 たんぱく質入門　武村政春
1732 人はなぜだまされるのか　石川幹人
1761 声のなんでも小事典　和田美代子　米山文明＝監修
1771 呼吸の極意　永田 晟
1789 食欲の科学　櫻井 武
1790 脳からみた認知症　伊古田俊夫
1792 二重らせん　ジェームス・D・ワトソン　江上不二夫／中村桂子＝訳
1800 ゲノムが語る生命像　本庶 佑
1801 新しいウイルス入門　武村政春
1807 ジムに通う人の栄養学　岡村浩嗣
1811 栄養学を拓いた巨人たち　杉 晴夫
1812 からだの中の外界　腸のふしぎ　上野川修一
1814 牛乳とタマゴの科学　酒井仙吉